PEI WANG BIAOZHUN GONGYI
HE DIANXING QUEXIAN TUCE

配网标准工艺和典型缺陷图册

卓定明　主编

·广州·

图书在版编目（CIP）数据

配网标准工艺和典型缺陷图册/卓定明主编．—广州：中山大学出版社，2023.10
ISBN 978－7－306－07924－4

Ⅰ.①配…　Ⅱ.①卓…　Ⅲ.①配电系统—电力工程—图集
Ⅳ.①TM727－6

中国国家版本馆CIP数据核字（2023）第192283号

出 版 人：王天琪
策划编辑：曾育林
责任编辑：曾育林
封面设计：曾　斌
责任校对：刘　丽
责任技编：靳晓虹
出版发行：中山大学出版社
电　　话：编辑部 020－84113349，84110776，84111997，84110779，84110283
　　　　　发行部 020－84111998，84111981，84111160
地　　址：广州市新港西路135号
邮　　编：510275　　传　　真：020－84036565
网　　址：http://www.zsup.com.cn　E-mail：zdcbs@mail.sysu.edu.cn
印 刷 者：佛山市浩文彩色印刷有限公司
规　　格：787mm×1092mm　1/16　12印张　210千字
版次印次：2023年10月第1版　2023年10月第1次印刷
定　　价：50.00元

如发现本书因印装质量影响阅读，请与出版社发行部联系调换

编　写　组

主　编：卓定明

副主编：黄江烽　曾桂辉　陈文其

参　编：陈海城　肖　毅　陈　鸣　沈瑞锡　刘文威
郑文智　张耀仪　刘博伟　吴文韬　吴贻标
邱嘉杰　郭思威　戴仁凯　胡　全　李冠桥
肖东裕　彭宏亮　陈慧欢　严鹏达　杜　瑞
钟启育　梁兆祺

前　言

配电网是连接客户的“最后一公里”，具有点多面广、资产规模大、网络结构复杂、网架变化快、故障多发、直接影响客户满意度等显著特点。近年来，由于配网设备品类众多、施工人员技能参差不齐、施工工期短、验收时缺乏实用的标准，在工程建设和移交验收阶段的配网的现状是未能有效管控“设备入网投运关”，每年因施工质量、产品质量问题导致的故障抢修占比超过了20%。亟须建立一套更规范、更直观、更实用的标准验收指导文件。

本书共包括九大部分，前八部分分别为架空线路、柱上开关、台架式变压器、电缆线路、户外开关柜、室内配电站和开关站、箱式变压器、低压线路的施工工艺及验收指南，第九部分为配网工程典型缺陷示例。本书以安全、经济、标准为目标，系统总结了多年来惠州供电局配电网的验收管理经验，并通过图册展示的形式，梳理了配电网各个工程的典型问题和施工工艺，形成系统性验收指南，供广大配电专业生产运维人员参考，以提高相关人员对配网验收工艺要求的认识，有助于做好配电网验收管理工作，为提高配电网验收质量创造条件。

本书经过数月修编完善，书中凝结了惠州供电局各级配电网专业人员大量细致的工作和辛勤的汗水，没有他们平日的积累、沉淀和付出，本书难以呈现在读者眼前。在此，本书编写组谨向在本书编写过程中给予支持的各供电单位及个人表示衷心的感谢！

受限于编写经验和水平，书中难免存在缺点和不足，望读者给予批评指正，以便不断修编完善。

编者

目　　录

第四部分　电缆线路施工工艺及验收指南

第五部分　户外开关柜施工工艺及验收指南

第六部分　室内配电站、开关站施工工艺及验收指南

第七部分　箱式变压器施工工艺及验收指南

第八部分　低压线路施工工艺及验收指南

第九部分　配网工程典型缺陷示例

第一部分

架空线路施工工艺及验收指南

第一章　杆 塔 工 程

第一节　混凝土电杆组立

一、电杆基础开挖

1. 标准工艺要求

（1）根据基坑开挖尺寸先挖出样洞，深度约 300 mm。样洞直径宜比设计的基础尺寸小 30～50 mm。

（2）基坑挖掘过程中为防止超挖，每挖掘 0.5 m，在坑中心吊一垂球检查坑位及主柱直径。

（3）基坑开挖至距设计要求的埋深尚有约 50 mm 时，在基坑底部钉出基坑中心桩，边挖掘边检查尺寸，直至基坑周边尺寸符合施工图要求。

（4）电杆埋深计算公式：电杆埋深 = 杆长（m）×1/10 +0.7 m。

（5）电杆最小埋设深度应符合表 1 –1 –1 的深度要求。

表 1 –1 –1　电杆最小埋设深度

（单位：m）

杆高	8	10	12	15
埋深	1.5	1.7	2.0	2.5

2. 标准规范图例（图1－1－1）

图1－1－1　电杆基础开挖示意图

二、安装底盘、卡盘

1. 标准工艺要求

（1）底盘应放置平整、置于杆坑中心位置，要求其圆槽面与电杆轴线垂直，找正后填土夯实至底盘表面。

（2）卡盘安装前先将其下部回填土夯实，卡盘上平面距地面要不小于500 mm，卡盘与电杆连接紧密。

（3）直线杆的卡盘应与线路平行，并在线路的左、右侧交替埋设；转角杆和终端杆的卡盘要埋设在张力侧。

2. 标准规范图例（图1－1－2、图1－1－3）

图1－1－2　底盘安装示意图

图1－1－3　卡盘安装示意图

三、基坑回填

1. 标准工艺要求

（1）回填时先排掉坑内积水。

（2）回填土块须打碎，基坑每回填500 mm厚度夯实一次。

（3）回填后的电杆基坑应设置防沉土层，防沉土层的上部面积不得小于坑口面积，高度为300～500 mm。

（4）电杆组立后要保持竖直不倾斜。

2. 标准规范图例（图1－1－4）

图1－1－4　基坑回填示意图

第二节　铁塔组立

一、铁塔基础开挖

1. 标准工艺要求

（1）在开挖施工中，对渗水速度较快或较多较深的泥水、流砂坑，采用机动水泵抽水。

（2）当坑深超过 1.5 m 时，须用挡土板支档坑壁。

（3）基础坑深的允许偏差为 +100 mm 至 -50 mm，坑底应平整。

（4）各种类型铁塔基础开挖宽度应符合表 1-1-2 的深度要求。

表 1-1-2　各种铁塔基础开挖深度、宽度

（单位：m）

塔型	H1-J-39-12	H1-J-54-12	H2-J-39-11	H2-J-69-11	H2-J-93-11
深度	2.9	3.5	2.9	3.5	3.7
宽度	3.6×3.6	3.8×3.8	3.6×3.6	4×4	4.4×4.4

2. 标准规范图例（图 1-1-5）

图 1-1-5　铁塔基础开挖示意图

二、铁塔基础支模浇筑

1. 标准工艺要求

（1）基础浇筑，应先对地脚螺栓丝扣做保护，如包裹塑料薄膜。

（2）应连续进行浇灌，若中途必须停顿，应不超过水泥初凝时间（一般不应超过两小时）；对于一般开挖基础均应一次浇制完成，不准留施工缝。

（3）一般采用机械插入式振捣方法，振捣器应避免碰撞钢筋、模板、地脚螺栓。

（4）混凝土浇筑过程中，模板、钢筋、地脚螺栓等应保证其位置不移动，若螺栓发生位移，必须及时更正。

（5）为了实现基础一次成形，整基基础混凝土浇筑完成后应及时抹面，对转角塔，应根据塔的受力，将基础平面抹成斜平面。

（6）模板表面应平整且接缝严密、保持垂直，并固定可靠，浇筑前涂脱模剂应保持垂直，并固定可靠。

（7）地脚螺栓安装时应保持垂直，并固定可靠。

2. 标准规范图例（图1－1－6）

图1－1－6　铁塔基础支模浇筑示意图

三、铁塔组立

1. 标准工艺要求

（1）管材、铁塔构件及工器具等要定置摆放，地面组装用的螺栓、垫片等应按规格、材质分别堆放好。

（2）螺杆必须加垫时，每端不宜超过两个垫圈。

（3）组装完成后，螺栓与构件平面、构件之间不应有空隙。

（4）对于组装困难的构件，应查明困难原因，不得强行组装。

（5）组装后的构件，应按图纸要求进行检查，注意杆、塔构件是否有遗漏，螺栓连接是否牢固可靠。

（6）螺栓的穿入方向要求：①对立体结构，水平方向由内向外，垂直方向由下向上。②对平面结构，顺线路方向，由送电侧穿入；横线路方向，两侧由内向外，中间由左向右（指面向受电侧，下同），垂直方向由下向上。

（7）地脚螺栓应浇筑水泥保护，铁塔基础应做好相应的防撞标识。

2. 标准规范图例（图1－1－7）

图1－1－7 铁塔安装示意图

第三节　横担、金具及绝缘子安装

一、横担、金具安装

1. 标准工艺要求

横担安装需水平校正，横担与电杆连接处的高差应小于等于连接距离的1/200，左右扭斜应小于等于横担总长的1/100。

2. 标准规范图例（图1－1－8）

图1－1－8　横担、金具安装示意图

二、瓷横担安装

1. 标准工艺要求

（1）瓷横担直立安装时，顶端顺线路歪斜应不大于10 mm；杆顶安装时，顶端顺线路歪斜应不大于20 mm。

（2）水平安装时，顶端宜向上翘起5°～15°。

（3）横担端部上下歪斜应不大于20 mm，横担端部左右扭斜应不大于20 mm。

（4）当横担不对称时，应将长臂一端的横担置于线路转角的外侧。

（5）瓷横担稳定孔螺栓（M8×40）、安装孔螺栓（M16×180）必须按要求安装。

2. 标准规范图例（图1-1-9）

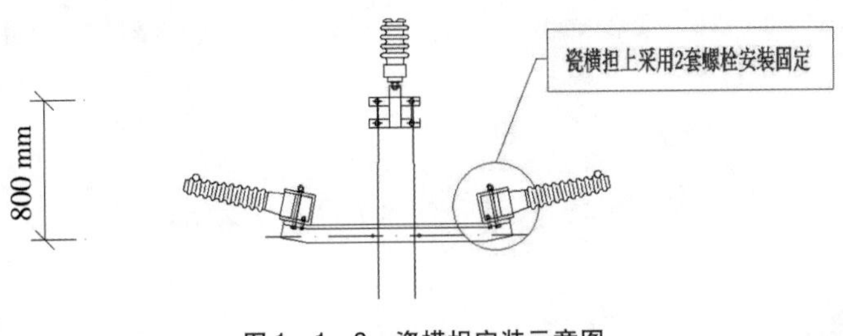

图1-1-9　瓷横担安装示意图

三、绝缘子安装

1. 标准工艺要求

（1）绝缘子安装前应其将表面逐个清擦干净，并进行外观检查。

（2）对绝缘子用不低于2500 V的兆欧表逐个进行绝缘测定。在干燥情况下，绝缘电阻小于500 MΩ者不得安装。

（3）安装后绝缘子裙边与带电部位的间隙应不小于50 mm。

（4）耐张串上的弹簧销子、螺栓及穿钉应由上向下穿。

（5）两边线螺栓应由内向外，中线应由左向右穿入（指面向受电侧，下同）；开口销不应有折断、裂纹等现象，应对称开口，开口角度为30°～60°。

2. 标准规范图例（图1－1－10、图1－1－11）

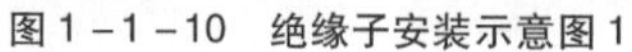

图1－1－10　绝缘子安装示意图1

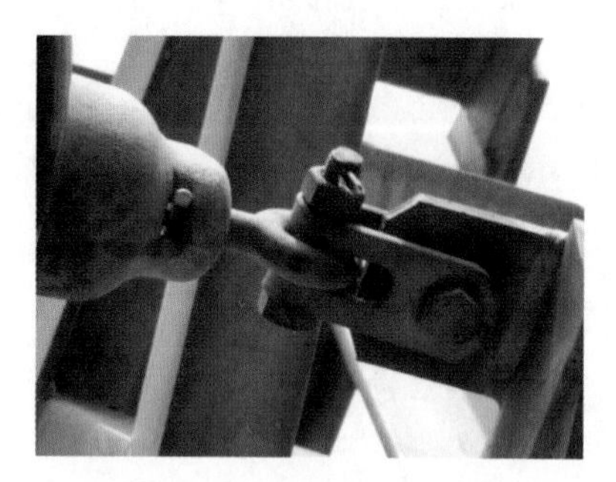

图1－1－11　绝缘子安装示意图2

第四节　拉线制作及安装

1. 标准工艺要求

（1）普通拉线的金具悬挂部分通常选用楔形线夹，而调节部分则选用UT形线夹。

（2）拉线应采用镀锌钢绞线，拉线截面应不小于35 mm²。拉线与电杆的夹角宜采用45°，若受地形限制可适当减少，但不应小于30°，拉线棒的直径应不小于16 mm，拉线棒应热镀锌。

（3）跨越道路的拉线，对路面的垂直距离应不小于7 m，拉桩杆的倾斜角宜采用10°～20°。

（4）10 kV及以下架空线路的拉线，必须装设拉线绝缘子或采取其他绝缘措施，在断拉线情况下拉线绝缘子距地面应不小于2.5 m。

（5）易受车辆碰撞的拉线应有醒目的警示标志。

（6）拉盘、拉线棒、拉线应呈一直线，拉线棒露出地面的圆钢长度为50～70 cm。拉线与电杆夹角宜采用45°，应不小于30°，拉线回尾长度要求为 30 ～50 cm，绑扎 8 ～10 cm。

（7）UT 形线夹安装位置要正确，主副线槽应无空位，丝杆要有调整余地，拉线捧应采用 ϕ16 镀锌圆钢，埋深不少于 1. 8 m，拉线坑回填土应夯实，拉线封土要高于地面 15 cm。

2. 标准规范图例（图 1－1－12）

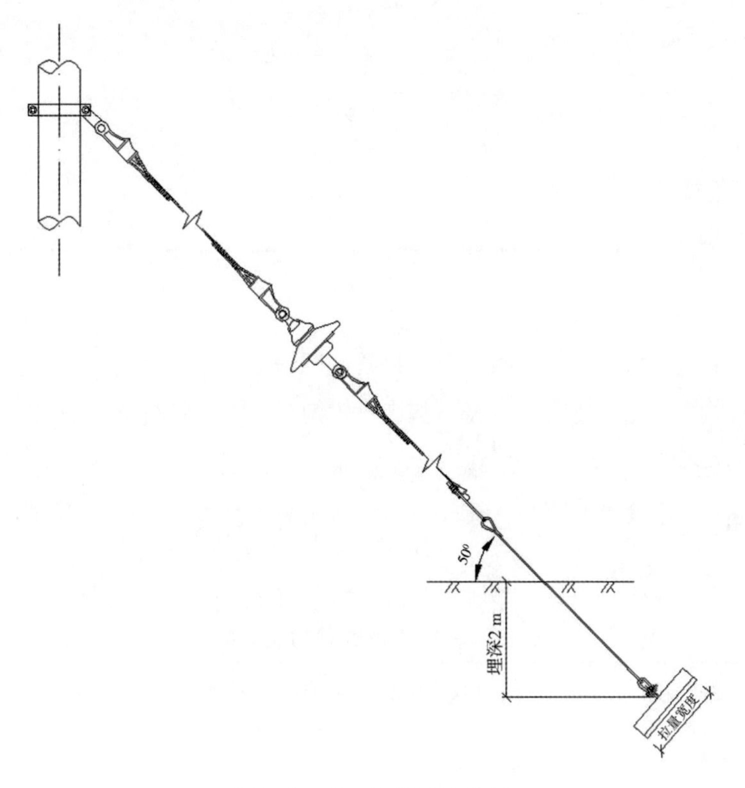

图 1－1－12　拉线安装示意图

第二章　架线工程

第一节　导线架设

1. 标准工艺要求

(1) 三相导线弧垂调整至一致的间距。

(2) 跨高速公路及一级公路、水库河流、10 kV 线路及弱电线路不允许有接头。

(3) 导线架设应符合《66 kV 及以下架空电力线路设计规范》(GB 50061—2010) 的规定（表 1－2－1）。

表 1－2－1　导线架设的规范要求

线路导线对地面及建筑物的距离，在最大弧垂和最大风偏时，应不小于表中规定的数值								
线路电压等级	距离(m)	人口密集地区	人口稀少地区	交通困难地区	步行可到达的山坡	步行不能到达的山坡、峭壁岩石	树木	建筑物
中压10 kV	最小垂直距离	6.5	5.5	4.5	4.5	1.5	3	3
	最小水平距离				4.5	1.5		1.5

续表

线路导线对地面及建筑物的距离，在最大弧垂和最大风偏时，应不小于表中规定的数值								
低压0.4 kV及以下	最小垂直距离	6	5	4	3	1	3	3
	最小水平距离				3	1		1

架空电力线路与其他设施交叉或接近的要求						
距离（m）	线路电压等级	标准轨铁路轨顶	至电子化铁路承力索	公路	电力线路	弱电线路
最小垂直距离	中压10 kV	7.5	3	7	2	2
	低压0.4 kV及以下	7.5	3	6	1	1
最小水平距离	中压10 kV	交叉5 m	0.5	0.5	路径受限地区2.5 m	路径受限地区2.0 m
	低压0.4 kV及以下	交叉5 m	0.5	0.5	路径受限地区2.5 m	路径受限地区1.0 m

2. 标准规范图例（图1-2-1）

图1-2-1　导线架设示意图

第二节 导线的绑扎

一、扎线的基本要求

1. 标准工艺要求

（1）导线应双固定，导线本体不应在绑扎处出现角度。

（2）绑扎长度应满足：导线截面 50 mm^2 及以下，绑扎总长度大于等于 150 mm；导线截面 70 mm^2 及以上，绑扎总长度大于等于 250 mm。

2. 标准规范图例（图 1－2－2）

图 1－2－2 导线绑扎示意图

二、顶槽扎法

标准规范图例见图 1－2－3。

图1－2－3　顶槽扎法示意图

三、边槽扎法

标准规范图例见图1－2－4。

图1－2－4　边槽扎法示意图

第三节　导线的连接

1. 标准工艺要求

(1) 导线接续管在使用前应用汽油清洗干净；导线压接部分的线

股也须松开进行清洗，清洗长度要大于管长的1.5倍。

（2）清洗接续管及导线后，对穿管后铝管将要覆盖部分的铝股均匀涂上电力脂，并用钢丝刷擦刷，使铝股表面全部刷到进行穿管操作。

（3）连接钢芯铝绞线时，接续管内两导线之间应加垫片。

（4）接续管的压接：从中心点开始压第一模，压接第一模后应检查接续管的对边距离，确认尺寸符合规范要求后，分别向管口端继续后面的压接工作。

（5）采用双连接管压模时，两管之间的距离应不小于15 mm，由管内端向外端交错进行。

（6）液压操作时，相邻两压模应有部分重叠，后一模重叠前一模的部分应大于5 mm。

（7）压接后导线端头露出长度应不小于20 mm，导线端头绑线应保留。

（8）接续管压完后，应将飞边毛刺锉至平滑。铝管应锉成圆弧状，并用细砂纸将锉过处磨光。

2. 标准规范图例（图1－2－5）

图1－2－5　导线连接示意图

第四节　跳线、线夹的连接

一、C形线夹

1. 标准工艺要求

根据导线的型号选取相应的C形线夹，导线引下线需使用2个线夹；2个线夹之间应保留至少1个线夹的距离，线夹应水平放置。

2. 标准规范图例（图1-2-6）

图1-2-6　C型线夹示意图

二、耐张型线夹

1. 标准工艺要求

（1）裸导线的安装：在连接部分需使用铝包带缠绕后进行安装。

（2）绝缘导线的安装：需进行剥线，再使用铝包带缠绕后进行安装。

2. 标准规范图例（图1-2-7）

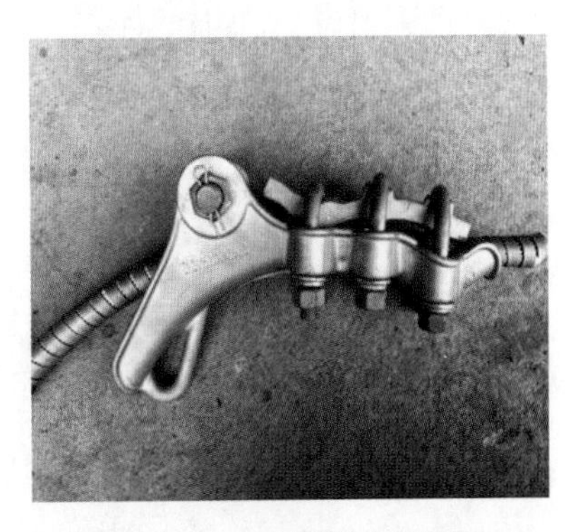

图1-2-7　耐张型线夹示意图

第三章　地　　网

一、接地材料

1. 标准工艺要求

（1）所有接地用的钢材均须热镀锌；特殊地形、地质可选用带有钻头的接地组件（棒），接地组件（棒）应选用钢或铜等材料，直径要不小于14. 2 mm。选用钢材料时，外层须镀锌或镀铜或镀镍。

（2）垂直接地极选用∠50×50×2500 mm的热镀锌角钢，垂直接地极的间距不宜小于其长度的2倍，水平接地体选用ϕ16的热镀锌圆钢或50 mm×4 mm的热镀锌扁钢。

（3）接地线应选用ϕ16热镀锌圆钢或40 mm×4 mm的热镀锌扁钢或截面不小于BVV-25 mm^2的铜芯导线。

（4）所用螺栓须热镀锌，且应有平垫圈和弹簧垫片，螺栓紧固后，宜露出2～3扣。

（5）不得采用铝导体作为接地体或接地线。

2. 标准规范图例（图1－3－1）

图1－3－1　接地组件示意图

二、接地装置的连接

1. 标准工艺要求

（1）水平接地体要平直，无明显弯曲；地沟底面应平整；埋设深度应不小于0.6 m（图1－3－2）。

（2）接地装置连接前，应清除连接部位的铁锈及其附着物。

（3）接地体的连接采用搭接焊时，应符合：①扁钢的搭接长度为其宽度的2倍，四面施焊；②圆钢的搭接长度为其直径的6倍，双面施焊；③圆钢与扁钢连接时，其搭接长度为圆钢直径的6倍；④扁钢与钢管、扁钢与角钢焊接时，除在其接触部位两侧进行焊接外，并以由钢带弯成的弧形（或直角形）与钢管（或角钢）焊接。

2. 标准规范图例（图1－3－2至图1－3－4）

图1－3－2　接地埋设深度示意图

图1－3－3　接地装置连接示意图1

图1－3－4　接地装置连接示意图2

三、接地装置的防腐处理

1. 标准工艺要求

（1）热镀锌钢材焊接后，在焊痕外最小 100 mm 范围内应采取可靠的防腐处理。在做防腐处理前，表面应除锈并去掉焊接处残留的焊药（图 1－3－5）。

（2）埋地部分：先涂环氧沥青漆，后涂环氧富锌漆（图 1－3－6）。

（3）外露部分：环氧富锌漆＋环氧云铁＋面漆＋黄绿相间标识（图 1－3－7）。

2. 标准规范图例（图 1－3－5 至图 1－3－7）

图 1－3－5　接地装置防腐处理示意图 1

图 1－3－6　接地装置防腐处理示意图 2

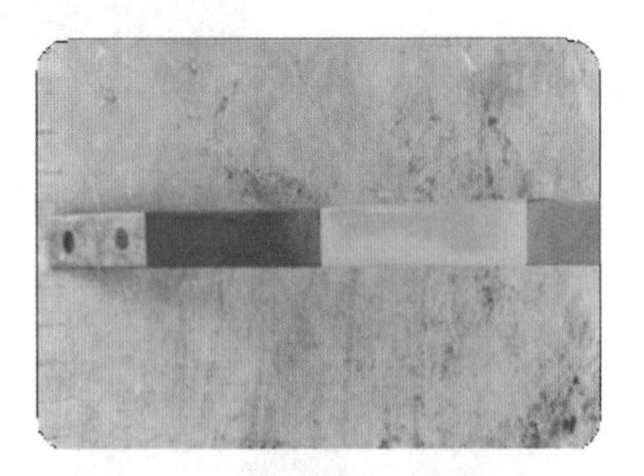

图 1－3－7　接地装置防腐处理示意图 3

四、地网配置

1. 标准工艺要求

（1）容量 100 kVA 以下配电变压器接地电阻应小于等于 10 Ω。

（2）容量 100 kVA 及以上变压器接地电阻应小于等于 4 Ω。

（3）架空电力线上方的避雷线及增装在高压线上的避雷器的接地电阻值，其首端（即进站端）应小于 10 Ω，中间或末端应小于 30 Ω。

（4）保护配电柱上断路器、负荷开关和电容器组等的避雷器的接地电阻应小于等于 10 Ω。

（5）低压重复接地的保护接地电阻应小于等于 10 Ω。

2. 标准规范图例（图 1－3－8）

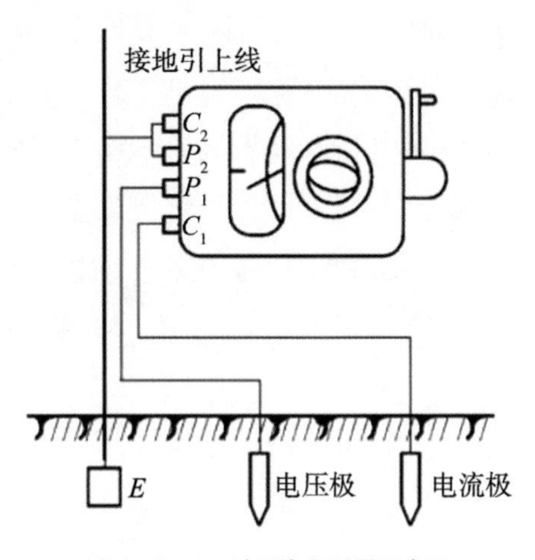

图 1－3－8　地网电阻测量示意图

第四章 安 健 环

第一节 标 识 牌

1. 标准工艺要求

（1）标识牌需严格使用不锈钢腐蚀工艺制作，制作厚度为0.3～0.5 mm。

（2）标识牌字体应均由腐蚀工艺形成，整体漆面下陷0.1～0.2 mm，指甲触摸有阶梯感。

（3）悬挂标识牌时应使用专用片带或不锈钢扎线绑扎。

（4）标识牌应安装在明显易见的位置，安装高度底边宜距地面3 m。

2. 标准规范图例（图1－4－1）

图1－4－1　标识牌的绑扎示意图

第二节　防撞措施

一、防撞标识

1. 标准工艺要求

行车道旁的电杆、铁塔应加装防撞墩、防撞标识。

2. 标准规范图例（图1-4-2、图1-4-3）

图1-4-2　防撞标识示意图

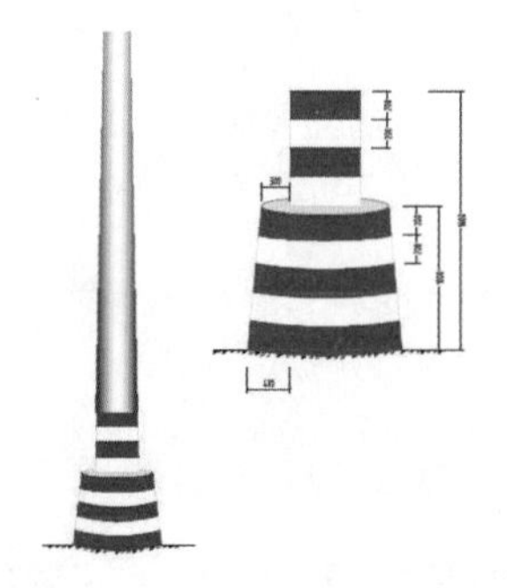

图1-4-3　防撞墩示意图

二、围栏

1. 标准工艺要求

（1）安装在人口稠密、交通繁忙、设备易受外力破坏的区域时，四周应设置防撞围栏，栏杆高为1.8 m。

（2）围栏在箱变、电缆分接箱前和两侧均应设门，门向外开启。围栏与箱变、电缆分接箱外轮廓的距离应按实际情况设置，场地允许时，栏杆与设备的距离可为1.5 m。

（3）围栏防撞材料应采用镀锌钢管，立柱及横杆采用DN100×4镀锌钢管，门扇采用DN50镀锌钢管，立柱支墩采用C25混凝土浇灌固定，支墩体积为0.5×0.5×0.7（深）m^3。

（4）围栏钢管须漆成红白相间的颜色。

（5）立柱顶面须采用钢板封口。

（6）质量要求：各杆件下料长度允许偏差小于等于1 mm，平整度允许偏差小于等于2 mm。

（7）围栏要可靠接地，应采用ϕ16的镀锌圆钢焊接。

（8）钢材必须采用热镀锌处理，钢管切口应先在工厂进行放样切割。

（9）立杆基础定位时位置必须准确，若有偏差，应及时修正，确保安装时围栏钢管间准确拼接。

（10）立柱基础施工时，须采取有效措施，使立柱保持垂直，在基础混凝土浇筑时不能晃动。

（11）围栏现场焊接后，应将焊缝清理干净，并打磨顺滑，进行防锈处理。

2. 标准规范图例（图1－4－4至图1－4－6）

图1－4－4　围栏示意图1

图1－4－5　围栏示意图2

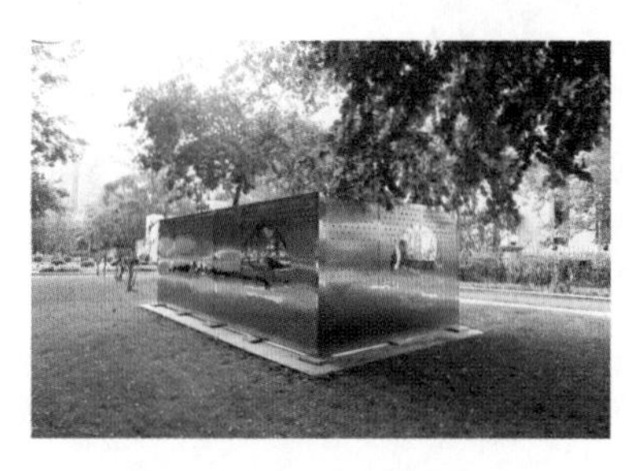

图1－4－6　围栏示意图3

第二部分

柱上开关施工工艺及验收指南

第一章　开 关 本 体

1. 标准工艺要求

（1）开关本体的起吊方式：开关起吊过程不能使接线套管受力，起吊装置应绑扎在专用起吊把手上，不应绑扎在顶盖或套管上进行起吊。

（2）开关本体的安装方式：开关本体应使用槽钢平置支撑安装方式，不宜使用槽钢悬挂吊装安装方式。

（3）安装高度：开关底部距离地面应不低于 4.5 m。

（4）引线相间距离及对地距离应符合规定要求：相间距离大于等于 300 mm，与杆塔构建物距离大于等于 200 mm。

（5）电缆引上接线柱的，需加装双螺孔 L 形过渡铜排，其能够有效地减小电缆及导线弯曲半径不足引起的开关套管在正常运行时所受拉力，同时可增大导流接触面，减小发热的可能性。

（6）安装前应使用水平尺进行接线柱的测量，确保接线柱在运输过程中无变形。

2. 标准规范图例（图 2－1－1、图 2－1－2）

图 2－1－1　开关本体安装示意图 1

图 2－1－2　开关本体安装示意图 2

第二章　电压互感器

1. 标准工艺要求

（1）一次侧有 A、B、C、N 这 4 个接线端子，O 端子为中性线端子，不需要接线，接线端子 N 直接接地（图 2－2－1）。

（2）根据 PT 设备铭牌二次接线图连接二次接线端子，二次接线端子连接紧固，不松动不脱落（图 2－2－2）。

（3）保险丝应齐全完整，万用表选择蜂鸣档量取正常（图 2－2－3）。

（4）电压互感器二次电缆进水将导致二次侧短路，由此容易导致 PT 烧坏爆裂事故发生，验收时要认真检查二次电缆、二次接线盒的密封性。接缝位置须做防潮措施，涂抹结构胶（密封胶）。

2. 标准规范图例（图 2－2－1 至图 2－2－4）

图2-2-1　电压互感器安装示意图1

图2-2-2　电压互感器安装示意图2

图2-2-3　电压互感器安装示意图3

图2-2-4　电压互感器安装示意图4

第三章　柱上自动化终端

一、安装高度

1. 标准工艺要求

控制箱安装高度约2 m，方便维护人员站位，应结合实际维护人员位置安装。

2. 标准规范图例（图2－3－1）

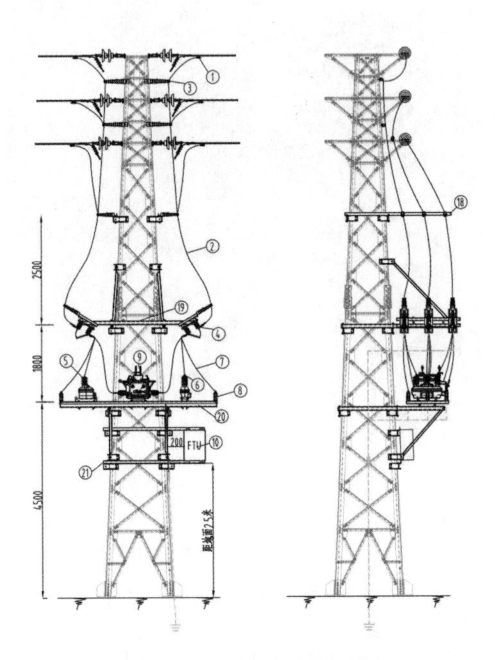

图2－3－1　安装高度示意图

二、配电测控终端（FTU）铭牌

1. 标准工艺要求

FTU 铭牌应该设置在显著位置，且要用蚀刻的不锈钢铭牌，铭牌应该包含名称型号、工作电源、操作电源、额定电压、额定电流、出厂编号、厂家名称及生产日期等信息。

2. 标准规范图例（图 2 -3 -2）

图 2 -3 -2　FTU 铭牌示意图

三、航插电缆

1. 标准工艺要求

航插头之间的连接，应使用凹槽对准插座凸缘，插接到位后，右旋锁紧防滑脱螺母，才算连接牢固。

2. 标准规范图例（图2－3－3至图2－3－5）

图2－3－3　航插电缆示意图1

图2－3－4　航插电缆示意图2

图2－3－5　航插电缆示意图3

四、信号灯

1. 标准工艺要求

（1）检查终端运行指示灯交替闪烁，确认控制器运行正常（图2－3－6）。

（2）检查终端电源指示灯亮，确认工作电源正常。检查终端分、合闸指示灯，确认其与开关现场状态应一致，检查终端有无异常、告警灯应等（图2－3－7）。

2. 标准规范图例（图2-3-6、图2-3-7）

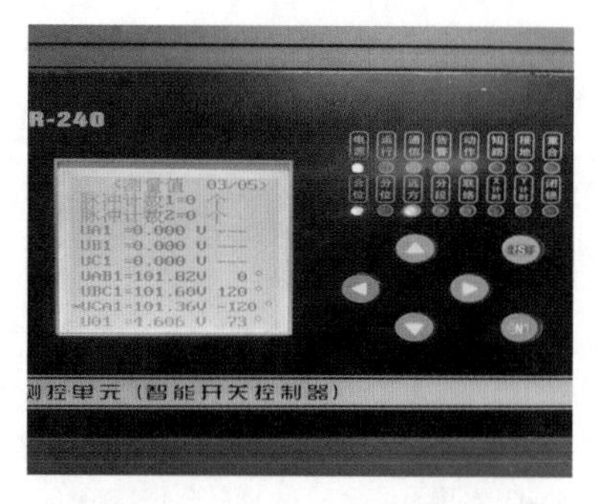

图2-3-6　信号灯示意图1

图2-3-7　信号灯示意图2

五、空气开关

1. 标准工艺要求

检查电源开关确认标示正确，应设双侧电源开关、后备电源开关，以及独立的装置电源、操作电源。

2. 标准规范图例（图2-3-8）

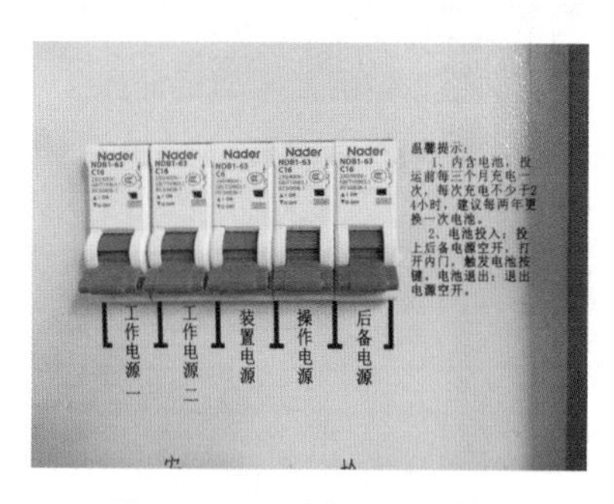

图2-3-8　空气开关示意图

六、转换开关

1. 标准工艺要求

（1）检查转换开关确认有正确标示，且处于正确位置（图2-3-9）。

（2）检查远方/就地转换开关、自动化功能开关，确认转至相应功能时，面板相应指示灯亮（图2－3－10）。

2. 标准规范图例（图2－3－9、图2－3－10）

图2－3－9　转换开关示意图1

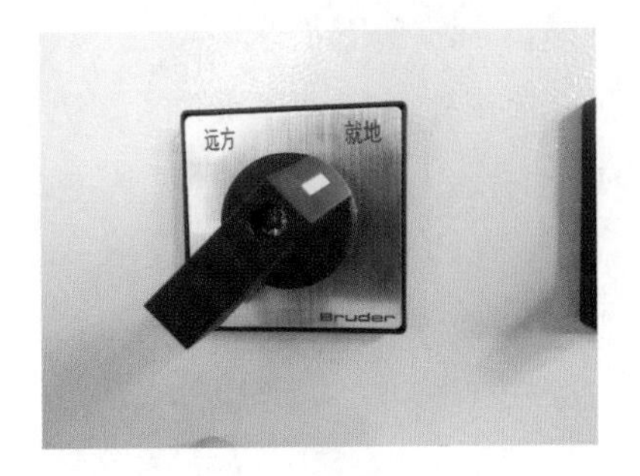

图2－3－10　转换开关示意图2

七、压板

1. 标准工艺要求

检查压板确认有正确标示，且固定牢固、可靠，接触良好，投退符合实际，应按照定值单可靠投入或退出，投入时上下旋钮均应拧紧。

2. 标准规范图例（图2－3－11）

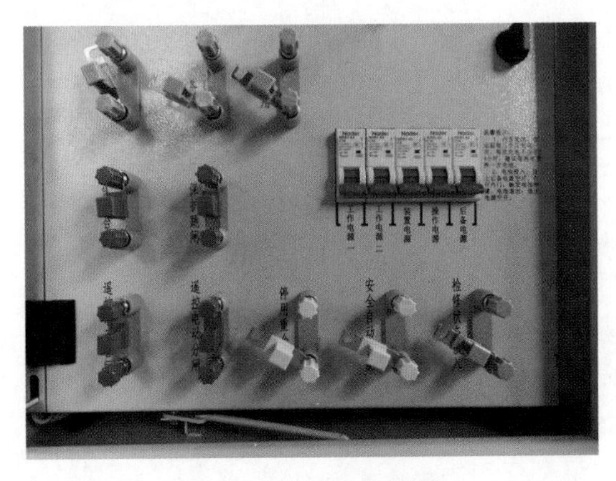

图2－3－11　压板示意图

八、外壳接地

1. 标准工艺要求

检查外壳确认有独立的不锈钢接地端子，并与内侧可靠连接，接地线径应大于6 mm^2，控制箱内侧门应有独立的接地线，并与外壳可靠接地，接地线径也大于6 mm^2。

2. 标准规范图例（图2-3-12）

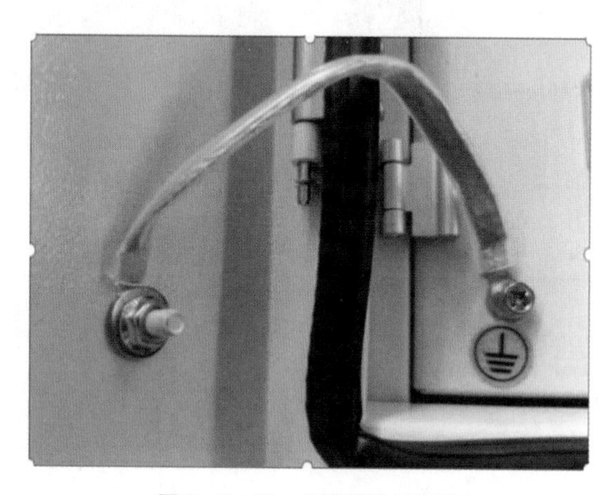

图2-3-12　外壳接地示意图

九、元器件

1. 标准工艺要求

（1）检查元器件安装情况，箱体内的设备、元器件应安装牢固、整齐、层次分明（图2-3-13）。

（2）接线套管应字迹清晰，粗细长度一致（图2-3-14）。

2. 标准规范图例（图2-3-13、图2-3-14）

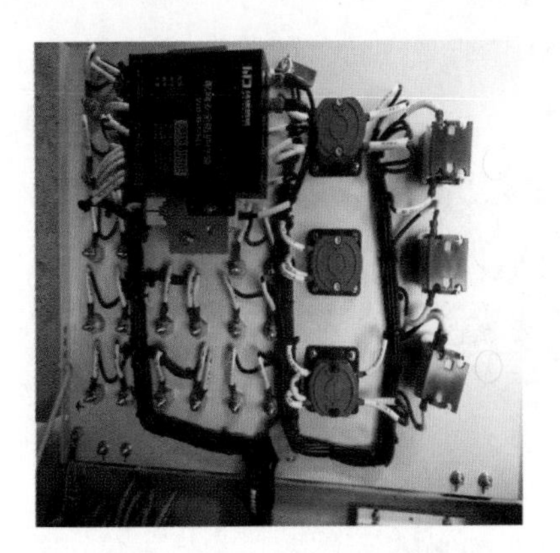

图2－3－13　元器件示意图1

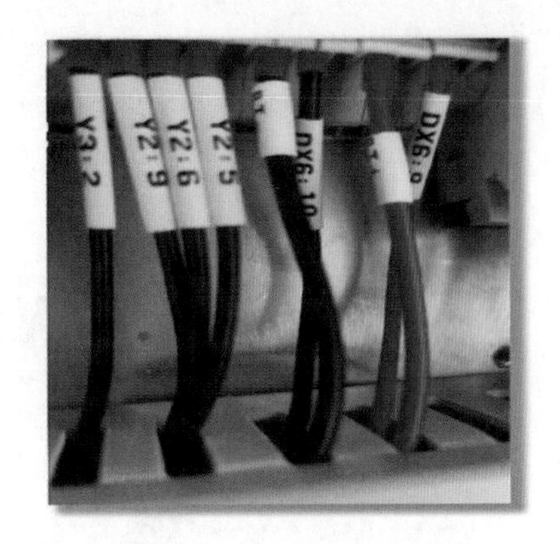

图2－3－14　元器件示意图2

十、二次接线

1. 标准工艺要求

检查二次接线，应排列整齐，接线牢固，无松脱现象。检查电流回路端子采用电流试验专用端子，电流端子排二次接线应无开路；检查电压回路端子采用带保险的专用端子排，端子排PT二次接线应无短路。

2. 标准规范图例（图2－3－15）

图2－3－15　二次接线示意图

十一、蓄电池

1. 标准工艺要求

蓄电池应采用锂电池或者铅酸电池，检查蓄电池正负极接线是否正确，额定电压和额定容量是否满足技术要求，外观应无鼓胀，安装牢固。

2. 标准规范图例（图2－3－16）

图2－3－16　蓄电池示意图

十二、天线

1. 标准工艺要求

检查信号天线，确认其与通信加密模块相互匹配，天线接口应采用标准的母头，天线的增益要大于50 dBi，天线可延伸，底部有磁性且稳固磁吸于金属构架。

2. 标准规范图例（图2－3－17）

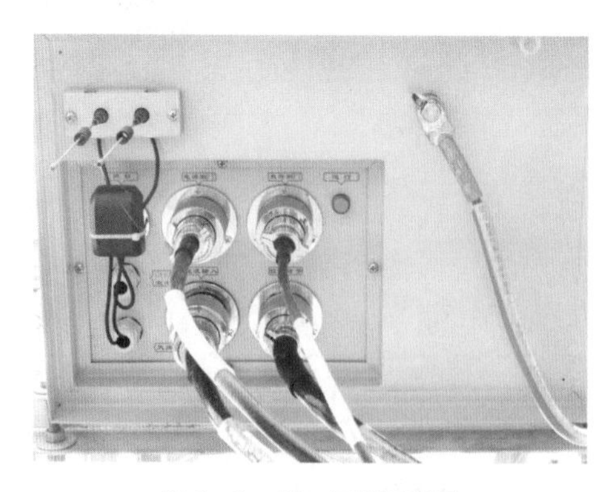

图2－3－17　天线示意图

十三、标签

1. 标准工艺要求

应按照定值单在控制器面板粘贴压板状态，方便巡视时核对定值压板是否正确。

2. 标准规范图例（图2－3－18）

图2－3－18　标签示意图

第三部分

台架式变压器施工工艺及验收指南

第一章　台　　架

第一节　台架电杆基础

1. 标准工艺要求

（1）台架式变压器12 m电杆埋设深度为2 m、10 m电杆埋设深度为1.7 m，基础部分必须设置底盘、卡盘，防止台架整体下沉或倾斜，卡盘安装深度为0.8 m。

（2）电杆表面应光滑平整，钢筋无偏心现象，内外壁应厚度均匀，无露筋、跑浆现象。无纵向裂缝，横向裂纹应不超过0.1 mm，长度不超过1/3周长。预应力杆不能有纵、横向裂缝。杆身弯曲应不超过杆长的1/1000；钢圈连接的混凝土电杆，钢板圈焊口处内壁的混凝土端面与焊口处的距离应不得小于10 mm。

2. 标准规范图例（图3－1－1、图3－1－2）

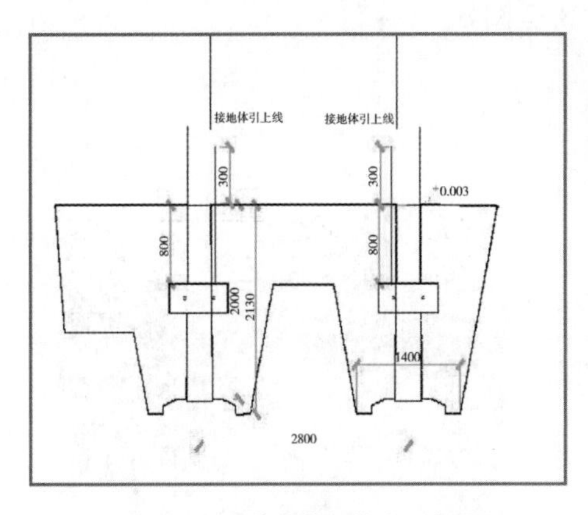

图3-1-1　台架电杆基础示意图1

图3-1-2　台架电杆基础示意图2

第二节　台架整体

1. 标准工艺要求

（1）台架各设备的安装高度需按设计安装（图3-1-3）。

（2）变压器台架应悬挂标志、警告牌，具体参照《广东电网公司配网安健环设施标准》执行。

（3）台架接地引下线应紧靠杆身，每隔1.5 m左右与杆塔固定一次。

（4）315 kVA及以上变压器应使用双抱箍安装（图3-1-4）。

（5）户外一次接线应采用热镀锌螺栓连接，所用螺栓应有平垫圈和弹簧垫片，螺栓紧固后，宜露出2～3扣。

（6）接地引上扁铁应设置断口方便测量接地电阻（图3-1-5）。

2. 标准规范图例（图3－1－3至图3－1－5）

图3－1－3　台架整体示意图1

图3－1－4　台架整体示意图2

图3－1－5　台架整体示意图3

第二章　变　压　器

1. 标准工艺要求

（1）变压器的外观应无锈蚀及机械损伤，油枕油位正常，油箱无渗漏现象、无受潮，瓷套光滑无裂纹、缺损（图3－2－1）。

（2）检查高低压套管确认无松动，釉面无破损，密封圈无龟裂、老化（图3－2－2）。

（3）在低压接线柱头（含零线柱头）处加装握手线夹，严禁接线端子直接连接柱头，线耳与握手线夹应保障最大接触面连接（图3－2－3）。

（4）低压出线应四线分相，分别套PVC管，弯头处应稍微向下弯曲并用防火泥加结构胶封堵（图3－2－4）。

（5）裸露带电部分应进行绝缘处理。

（6）气压阀需解锁。

2. 标准规范图例（图3－2－1至图3－2－4）

图3－2－1　变压器本体示意图1

图3－2－2　变压器本体示意图2

图3－2－3　变压器本体示意图3

图3－2－4　变压器本体示意图4

第三章　隔离开关

1. 标准工艺要求

（1）检查隔离开关瓷件有无裂纹、闪络、破损、脏污，以及触头间接触是否良好。

（2）检查安装是否牢固、相间距离和倾斜角是否符合规定（垂直方向成30°～45°角向下安装，安装高度应不低于4.5 m，安装间距应不少于60 cm）。隔离开关操作机构及传动机构处应涂抹黄油防止生锈。

（3）隔离开关的底座要进行双固定支撑。

（4）裸露带电部位应加装绝缘护套或防小动物挡板。

（5）应试一下操作隔离开关是否流畅、易于操作，合闸时应接触紧密，分闸后应有不小于200 mm的空气间隙，确认操作不存在卡涩现象。

2. 标准规范图例（图3－3－1、图3－3－2）

图3－3－1　隔离开关安装示意图1

图3－3－2　隔离开关安装示意图2

第四章　跌落式熔断器

1. 标准工艺要求（表3-4-1）

（1）熔断器应安装牢固、排列整齐，熔管轴线与地面的垂线夹角为15°～30°。熔断器的水平相间距离应不小于500 mm。

（2）高压跌落式熔断器的各部分零件应完整；转轴须光滑灵活，铸件不应有裂纹、砂眼、锈蚀；瓷件须良好，熔丝管不应有吸潮膨胀或弯曲现象。

（3）裸露带电部位应加装绝缘护套或防小动物挡板。

（4）熔丝的选择要求应与变压器容量匹配。

（5）应使用铜镍电阻合金材料的保险丝。

表3-4-1　熔丝额定电流选择标准工艺要求

变压器容量（kVA）	熔丝额定电流（A）的选择
50	7.5
80	10
100	10
125	10
160	15
200	20
250	25

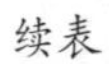

续表

变压器容量（kVA）	熔丝额定电流（A）的选择
315	30
400	40
500	50
630	60

2. 标准规范图例（图3－4－1）

图3－4－1 跌落式熔断器安装示意图

第五章　避　雷　器

1. 标准工艺要求

（1）安装支架应采用热镀锌材料，如需对热镀锌材料进行加工，必须进行防腐处理。

（2）并列安装的避雷器三相中心应在同一直线上；避雷器应垂直安装，其垂直度应符合制造厂的规定。

（3）引线在施工前应先用尺实际测量跨各安装点的准确长度，根据施工需要进行切割。

（4）避雷器的接地引下线须与主接地网独立连接，接地应牢固可靠。

（5）裸露带电部分宜进行绝缘处理。

（6）避雷器底部应加装脱扣器。

2. 标准规范图例（图3－5－1）

图3－5－1　避雷器安装示意图

第六章 低压出线

1. 标准工艺要求

（1）低压配电柜的进出线应使用 PVC 套管。

（2）加装绝缘板封盖及结构胶应进行缝隙填堵。

（3）配电柜外壳应可靠接地。

2. 标准规范图例（图 3－6－1、图 3－6－2）

图 3－6－1 低压配电柜示意图 1

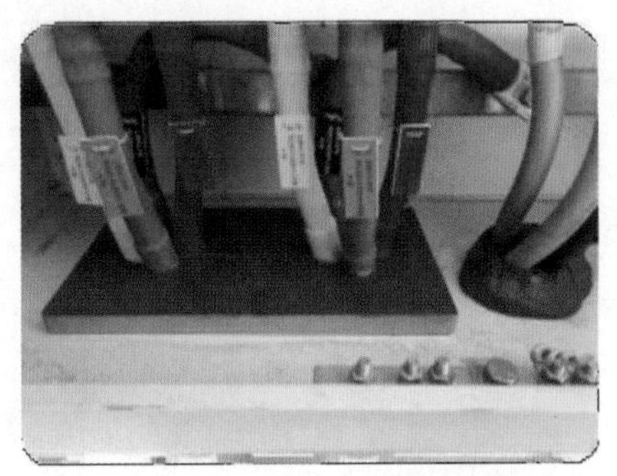

图 3－6－2 低压配电柜示意图 2

第四部分

电缆线路施工工艺及验收指南

第一章　电缆土建工程

第一节　电缆沟砌筑

1. 标准工艺要求

（1）电缆沟沟底夯实处理及整平后应浇捣 C15 混凝土 100 mm 厚垫层，防止沟体下沉。

（2）电缆沟宜每隔 10 m 设 ϕ200～ϕ300 管集水口一个，管内须填满粗沙。纵向集水口的坡度应不小于 0.5%，集水口引入至市政排水系统。

（3）电缆沟长度超过 30 m 时，砌体及压梁应设置伸缩缝。

（4）电缆沟压顶应钢筋圈梁。

（5）电缆沟 C25 素混凝土压顶，应预埋设 L50×5 镀锌角钢保护。

（6）电缆沟支架纵向间距应按 800 mm 安装。电缆支架的安装应当平直。各支架的同层横档应在同一水平面上，其高低偏差应不大于 5 mm。

（7）盖板就位时，应调整构件位置，使其缝宽均匀，保证板与板之间有 10 mm 缝隙。盖板正反面位置应正确、平稳、整齐。

2. 标准规范图例（图4－1－1、图4－1－2）

图4－1－1 电缆沟砌筑示意图1

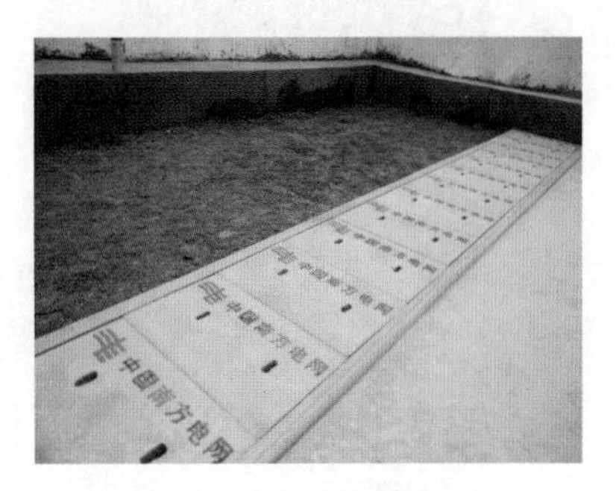

图4－1－2 电缆沟砌筑示意图2

第二节 电缆排管

1. 标准工艺要求

（1）电缆管道铺设前，应对沟底进行平整及夯实处理，浇捣C15混凝土100 mm厚垫层，防止电缆管道整体下沉。

（2）电缆管道铺设要排列整齐，不得有交叉，管道铺设每隔2 m处要设置管枕进行固定。

（3）管道接口处应砌筑支承墩进行包封，管口承接处应横竖排列整齐，避免管口错位。

2. 标准规范图例（图4－1－3、图4－1－4）

图 4-1-3 电缆排管示意图 1

图 4-1-4 电缆排管示意图 2

第三节 电缆工作井

1. 标准工艺要求

（1）电缆井压顶四周应钢筋圈梁、埋设 L50×5 镀锌角铁，对井压顶进行固定及保护（图 4-1-5）。

（2）砖砌工作井沟壁砖砌灰缝必须饱满，砂浆强度要达到设计强度的 70% 后才允许砂浆抹面。内壁及沟底应用 1∶2 水泥防水砂浆（掺 5% 水泥重量防水剂）批挡抹面 15 mm 厚，宜分两层抹面并压光。

（3）管口应横竖排列整齐、无交错，最下一排管口与井底距离为 100 mm；管口与管口横竖间距为 90 mm。

（4）盖板就位时，应调整构件位置，使其缝宽均匀，保证板与板之间有 10 mm 缝隙。盖板正反面位置应正确、平稳、整齐。

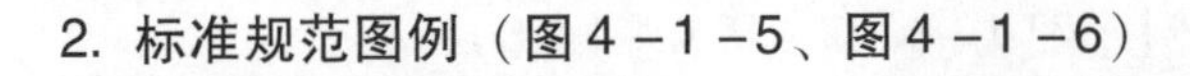

2. 标准规范图例（图4－1－5、图4－1－6）

图4－1－5　电缆工作井示意图1

图4－1－6　电缆工作井示意图2

第四节　非开挖电缆管道工程

1. 标准工艺要求

（1）施工前应进行复测，核实地下管线的数据是否准确。施工时应控制好电缆管与其他管线的净距，避免破坏其他地下管线。导向员应准确分析导向仪数据，并将交叉数据及时汇报给顶管机械操作员。

（2）合理选取下枪口，不建议将下枪口和上枪口建在常有大车经过的路面上，须保留下枪井和上枪井，做好电缆标识，过路顶管深度应至少大于3 m。

2. 标准规范图例（图4－1－7、图4－1－8）

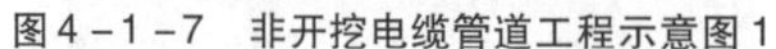

图4－1－7　非开挖电缆管道工程示意图1

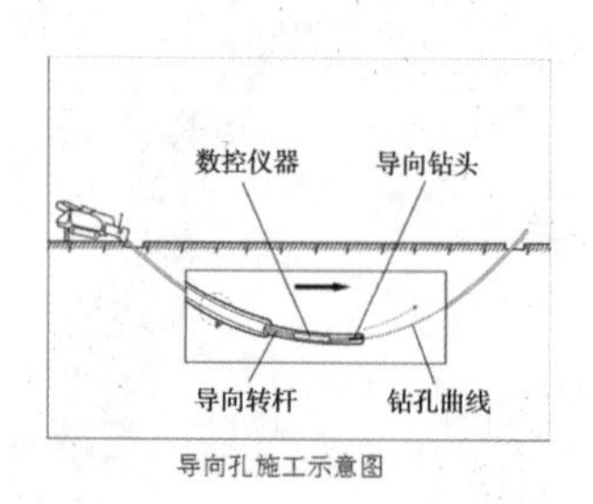

图4－1－8　非开挖电缆管道工程示意图2

第五节　电缆标识

一、电缆标识牌

1. 标准工艺要求

（1）敷设在人行道和公路等通道下的电缆线路应设置电缆地面走向标志。

（2）一般在沿电缆线路通道的路面直线每隔10～15 m及电缆分支、转弯、接头、进入建筑物处等地点设置。

（3）电缆中间接头相应的电缆坑板面应安装电缆中间接头地面标识。明沟的每个安装位置可只在盖板中间位置安装Ⅰ型接头地面标志一块。

（4）材质宜采用铸铁；文字、箭头与铁牌边缘距离应为2 mm；正面的文字、箭头凸出高度应为4 mm，字迹必须清晰；底面宜采用十字筋加强定位。

（5）安装时应先在水泥地面钻与标志相符合的孔，再用水泥将标志固定在孔内；安装完成后标志面应与地面相平；安装后宜涂防腐漆。

2. 标准规范图例（图4－1－9、图4－1－10）

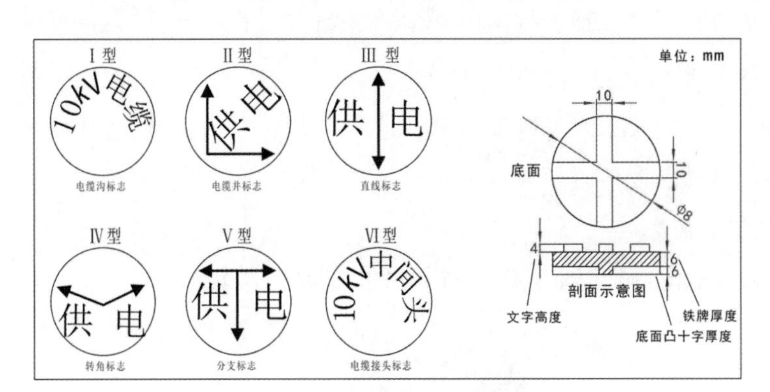

图4－1－9　电缆标识牌示意图1

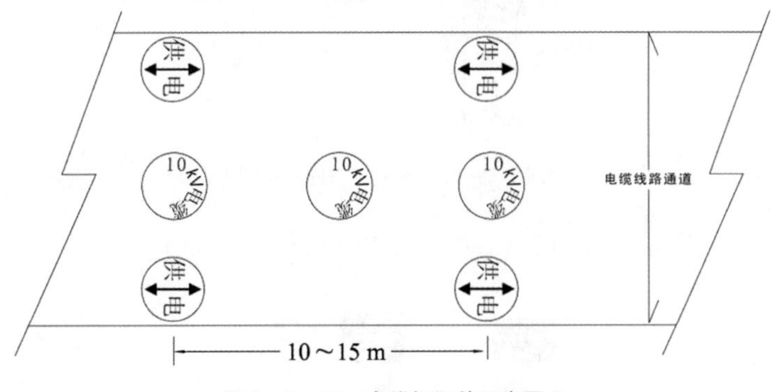

图4－1－10　电缆标识牌示意图2

二、电缆标识桩

1. 标准工艺要求

（1）敷设在人行道和公路等通道之外及泥质地带的电缆线路应设置电缆地面标识桩。

（2）在需要进行标识的沿电缆线路通道路面及电缆分支、转弯、接头、进入建筑物处等地点设置。

（3）标识桩宜采用方柱（截面为100 mm×100 mm），并采用石质或混凝土材料，标识还桩采用四面刻闪电符号，字深为2 mm，可将地面走向标志（铸铁）安装在标识桩的顶部或在顶部刻字；在标识桩容易被掩埋或遮蔽的地方可采用 PVC 警示桩。

（4）根据《电力设施保护条例》，电缆保护区为电缆地面标志（含电缆地面走向标志和电缆地面标识桩）两侧各 0.75 m 所形成的两平行线内的区域，安装时须注意所形成的电缆保护区应覆盖整个电缆线路通道并留有裕度。

2. 标准规范图例（图 4－1－11、图 4－1－12）

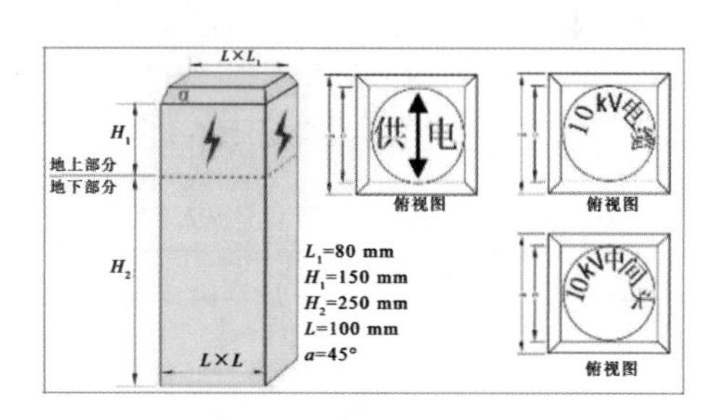

图 4－1－11　电缆标识桩示意图 1

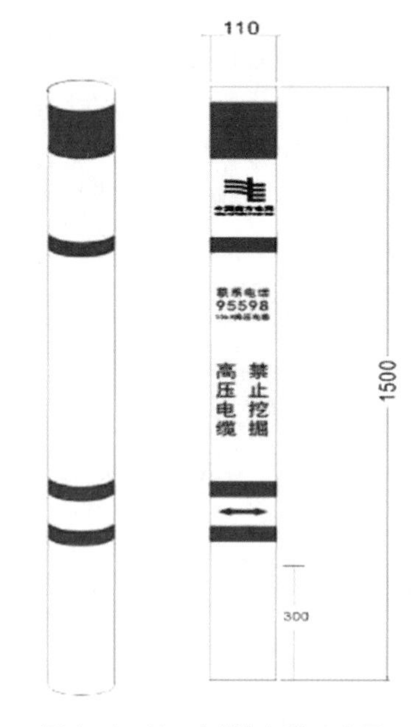

图 4－1－12　电缆标识桩示意图 2

第二章　电缆敷设工程

第一节　电缆沟电缆敷设

1. 标准工艺要求

（1）布放电缆滑轮，直线部分应每隔 2.5 ～3.0 m 设置直线滑轮，保证电缆不与地面摩擦（图 4 -2 -1）。

（2）电缆沟内敷设电缆要排列整齐，不得有交叉重叠，应按从下到上、从内到外的顺序将电缆放置在电缆支架上，并每隔 15 m 安装电缆线路标识牌，金属支架应加塑料衬垫（图 4 -2 -2）。

（3）电缆在支架敷设时，电力电缆间距应为 35 mm，但不小于电缆外径尺寸；不同等级电力电缆间及控制电缆间的最小净距应为 100 mm。

（4）电力电缆在终端头与接头附近宜留有备用长度。

（5）若电缆沟内并列敷设多条电缆，其中间接头位置应错开，其净距应不小于 0.5 m。

2. 标准规范图例（图4－2－1、图4－2－2）

图4－2－1　电缆沟电缆敷设示意图1

图4－2－2　电缆沟电缆敷设示意图2

第二节　排管敷设电缆

1. 标准工艺要求

（1）对设计图纸规定的管孔进行疏通检查，清除管道内漏浆可能形成的水泥结块或其他残留物，并检查管道连接处是否平滑，以确保电缆传入排管时不被损伤。必要时应用管道内窥镜探测检查。

（2）试牵引，经过检查后的管道，可用一段3 m长且与本工程电缆规格相同的电缆做模拟牵引，并观察电缆表面的磨损是否属于许可范围（图4－2－3）。

（3）电缆进入排管前，可在其表面涂上与保护层不起化学作用的润滑物。管道口应套以光滑的喇叭管，井坑口应装有适当的滑轮组，以确保电缆敷设牵引时的弯曲半径，减小牵引时的磨擦阻力。

（4）管口处应安装电缆线路标识牌（图4－2－4）。

（5）电缆敷设完毕后应使用防火泥或线缆封堵器将电缆与管口间封堵。

2. 标准规范图例（图4-2-3、图4-2-4）

图4-2-3　排管敷设电缆示意图

图4-2-4　电缆线路标识牌示意图

第三节　直埋敷设

1. 标准工艺要求

（1）为避免电缆被拖伤，可将电缆放在滚轮上，敷设电缆的速度要均匀。

（2）根据电缆长度和截面，选用的牵引绳长度要比电缆长30～50 m，牵引绳连接必须牢固。其连接点应选用防捻器。布放电缆滑轮，直线部分应每隔2.5～3 m设置直线滑轮，确保电缆不与地面摩擦，所有滑轮必须形成直线。弯曲部分应采用转弯滑轮，并控制电缆弯曲半径和侧压力。

（3）电力电缆在终端头与接头附近宜留有备用长度。

（4）电力电缆被切断后，应立即对端头做好防潮密封，以免水分侵入电缆内部。

（5）若电缆沟内并列敷设多条电缆，其中间接头位置应错开，其净距应不小于0.5 m。

（6）电缆敷设后，应及时排列整齐，避免交叉重叠，并在电缆终端、中间接头、电缆拐弯处、管口等地方的电缆上装设标识牌，标识牌上应注明电缆编号、电缆型号、规格与起讫地点。

（7）敷设完毕后，应及时清除杂物，盖好盖板。必要时，还要将盖板缝隙密封。在施工完的隧道、电缆沟、竖井、电房出入口、管口处进行密封。

（8）在中间接头处应设置电缆井，方便以后抢修和预试。

2. 标准规范图例（图4－2－5）

图4－2－5　直埋敷设示意图

第四节　电缆保护管安装

1. 标准工艺要求

（1）电缆保护管的内径应不小于电缆外径的1.5倍。

（2）电缆保护管安装后管口须进行防火泥封堵。

2. 标准规范图例（图4－2－6）

图4－2－6　电缆保护管安装示意图

第三章　电缆附件安装

第一节　电缆冷缩终端头

一、三叉处填充

1. 标准工艺要求

使用填充胶对缝隙进行填塞，并用绝缘自粘布进行缠绕。

2. 标准规范图例（图 4－3－1）

图 4－3－1　三叉处填充示意图

二、安装冷缩三指套

1. 标准工艺要求

抽拉支撑条时，应先抽拉支部支撑条，再抽拉根部支撑条。

2. 标准规范图例（图4－3－2）

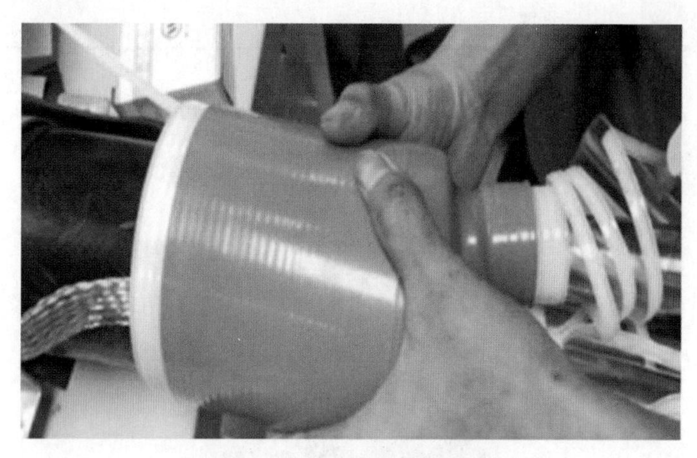

图4－3－2　安装冷缩三指套示意图

三、半导体层倒角

1. 标准工艺要求

对半导体层进行30°倒角，使半导电层与绝缘层过渡平滑。

2. 标准规范图例（图4－3－3）

图4－3－3　半导体层倒角示意图

四、绝缘层倒角

1. 标准工艺要求

对绝缘层进行45°倒角。

2. 标准规范图例（图4－3－4）

图4－3－4　绝缘层倒角示意图

五、绝缘层清洁

1. 标准工艺要求

对绝缘层进行打磨，然后用清洁纸进行擦拭（从绝缘层到半导电层），并涂抹硅脂。

2. 标准规范图例（图4－3－5）

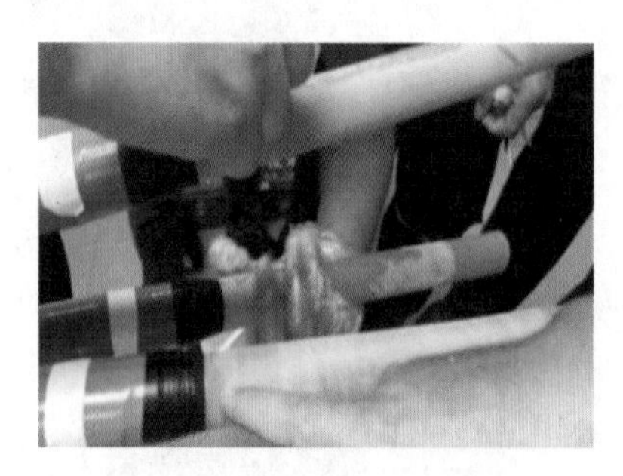

图4－3－5　绝缘层清洁示意图

六、安装冷缩电缆终端

1. 标准工艺要求

用标尺定位终端安装基准线，用 PVC 胶带做标识。

2. 标准规范图例（图 4 –3 –6）

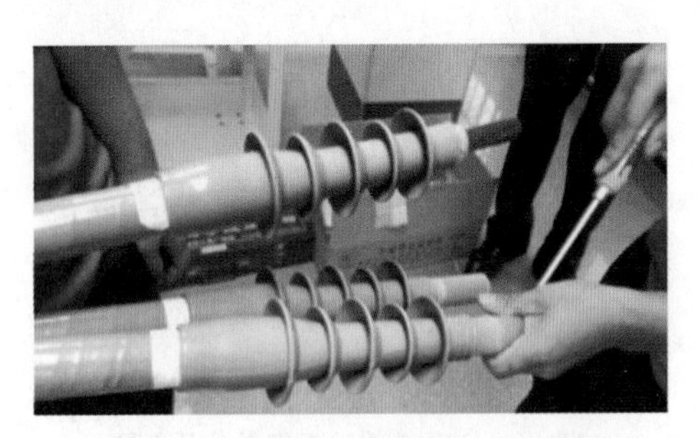

图 4 –3 –6　安装冷缩电缆终端示意图

七、安装接线端子

1. 标准工艺要求

用密封胶填充绝缘层与端子之间的缝隙，并填平端子压痕，密封胶外缠绕绝缘自粘带。

2. 标准规范图例（图 4 –3 –7）

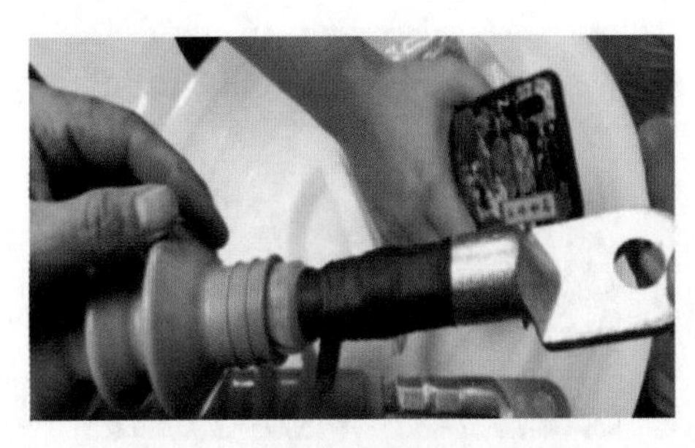

图 4 –3 –7　安装接线端子示意图

八、安装冷缩密封管

1. 标准工艺要求

以终端第一个伞裙为起点收缩密封管。

2. 标准规范图例（图4－3－8）

图4－3－8　安装冷缩密封管示意图

第二节　电缆冷缩中间头

一、半导体层倒角

1. 标准工艺要求

对半导体层进行30°倒角，使半导电层与绝缘层过渡平滑。

2. 标准规范图例（图4－3－9）

图4－3－9　半导体层倒角示意图

二、绝缘层倒角

1. 标准工艺要求

对绝缘层进行45°倒角。

2. 标准规范图例（图4－3－10）

图4－3－10　绝缘层倒角示意图

三、连接管压接

1. 标准工艺要求

（1）连接管压接顺序应从中间向两边逐步压接，并用砂布去除连接管表面的棱角和毛刺。

（2）用清洁剂清洁连接管表面，并用密封胶将连接管两端口处的缝隙填充密封。

2. 标准规范图例（图4－3－11）

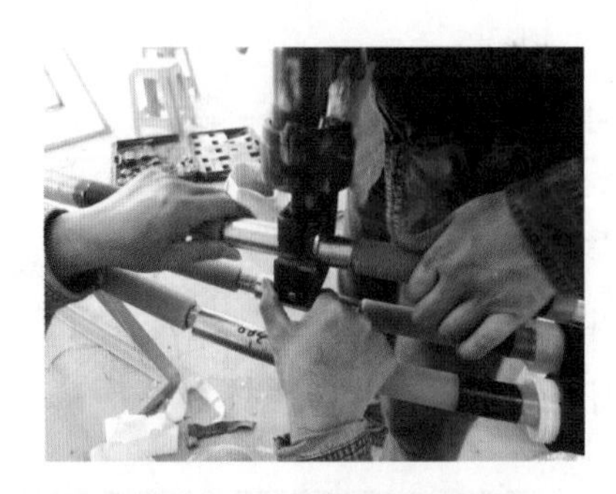

图4-3-11　连接管压接示意图

四、主绝缘打磨

1. 标准工艺要求

打磨绝缘层，应将表面残留的半导体颗粒去除。

2. 标准规范图例（图4-3-12）

图4-3-12　主绝缘打磨示意图

五、主绝缘及半导电层清洁

1. 标准工艺要求

打磨后应使用酒精纸巾进行擦拭，并于晾干后在接线管表面、半导电层与绝缘交界处及绝缘表面均匀涂抹混合剂。

2. 标准规范图例（图4－3－13）

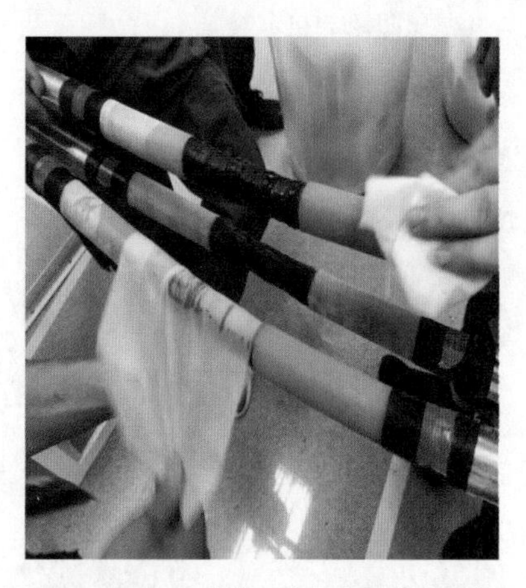

图4－3－13 主绝缘及半导电层清洁示意图

六、安装冷缩接头

1. 标准工艺要求

冷缩套管应对准定位线进行安装，安装后在冷缩套管两侧使用密封胶进行密封，密封完再使用防水胶带进行缠绕密封。

2. 标准规范图例（图4－3－14、图4－3－15）

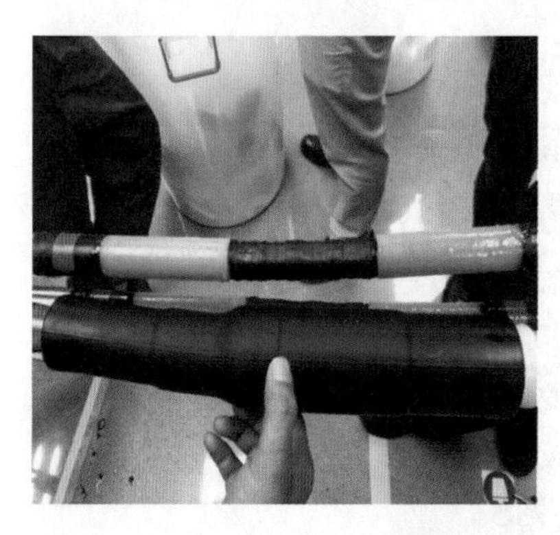

图4－3－14 安装冷缩接头示意图1

图4－3－15 安装冷缩接头示意图2

七、安装铜编织网

1. 标准工艺要求

（1）在装好的接头主体外部套上铜编织网套，并用两只恒力弹簧将铜网套固定在电缆铜屏蔽带上。

（2）用 PVC 胶带把铜编织网套绑扎在接头主体上。

（3）将铜网套的两端修齐，在恒力弹簧前各保留 10 mm，并半重叠绕包两层电工绝缘胶带，将弹簧包覆住。

2. 标准规范图例（图 4－3－16）

图 4－3－16　安装铜编织网示意图

八、缠绕阻燃胶带

1. 标准工艺要求

使用黑色阻燃胶带从一端铜屏蔽层缠绕到另一端，但不要缠绕到内护层上。

2. 标准规范图例（图 4－3－17）

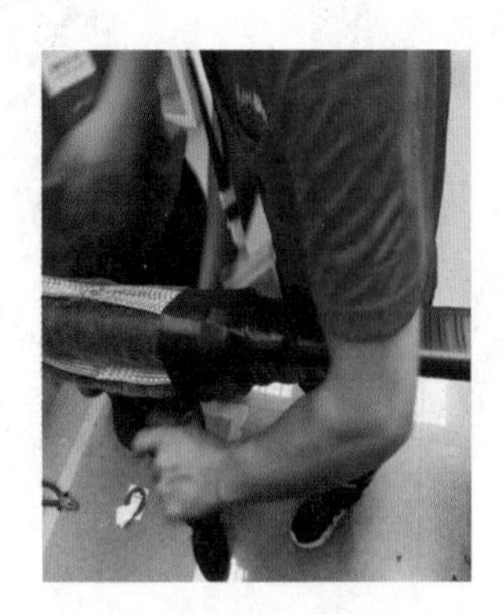

图 4－3－17　缠绕阻燃胶带示意图

九、缠绕密封胶

1. 标准工艺要求

打磨内护层及钢铠后使用密封胶缠绕内护层及外护层，注意不要包住钢铠。

2. 标准规范图例（图4－3－18、图4－3－19）

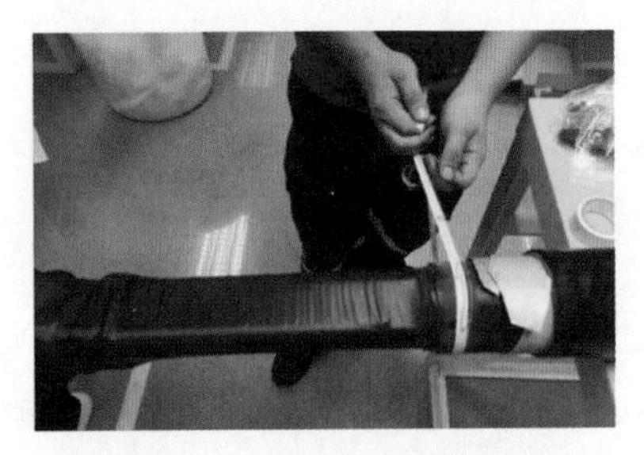

图4－3－18　缠绕密封胶示意图1

图4－3－19　缠绕密封胶示意图2

十、安装铜屏蔽带

1. 标准工艺要求

用恒力弹簧将编织线固定在钢铠装上。

2. 标准规范图例（图4－3－20）

图4－3－20　安装铜屏蔽带示意图

十一、包绕防水胶带

1. 标准工艺要求

使用防水胶带半重叠缠绕包裹住恒力弹簧与铠装一起覆盖，再用防水胶带半重叠绕包至两端外护套。

2. 标准规范图例（图4-3-21）

十二、包绕铠装带

1. 标准工艺要求

先用水浸泡铠装带，接着迅速使用，从一端接外护套 120 mm 半重叠绕包至另一端，并搭接外护套 120 mm，然后回缠，直至用完铠装带，最后端口用黑色阻燃胶带固定，并静置 30 min，不要移动电缆。

2. 标准规范图例（图4-3-22）

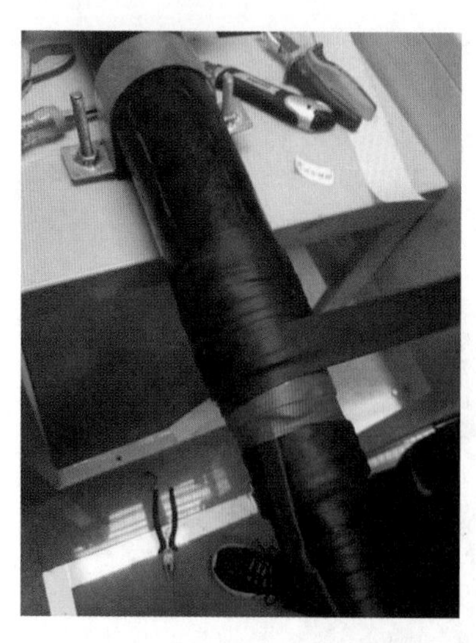

图4-3-21　包绕防水胶带示意图

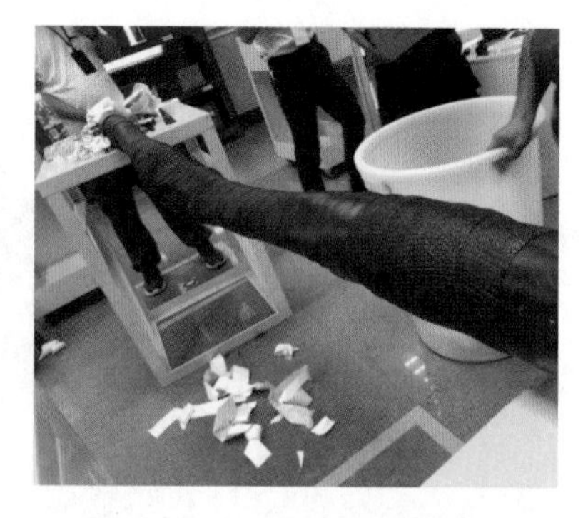

图4-3-22　包绕铠装带示意图

第五部分

户外开关柜施工工艺及验收指南

第一章　分接箱本体

一、分接箱本体的安装

1. 标准工艺要求

（1）电缆分接箱基础应根据设备厂家提供的安装图纸并结合设计图纸进行施工，基础应高于室外地坪，周围排水要通畅。

（2）箱体就位后，要对箱内电气设备进行开箱检查，应外观完好、性能可靠，整体密封性良好，各部件也应齐全完好，所有的门可正常开启。

（3）箱体调校平稳后，应与基础槽钢焊接牢固并做好防腐措施；采用地脚螺栓固定的应螺帽齐全，拧紧牢固。

（4）基础地面应踏实，无下沉迹象；基础面应水平，且基础面要比地面高 400 mm 以上，以防止渗水。

2. 标准规范图例（图 5－1－1、图 5－1－2）

图 5－1－1　分接箱本体的安装示意图 1

图 5－1－2　分接箱本体的安装示意图 2

二、围栏的安装

1. 标准工艺要求

（1）检查分接箱围栏是否完好、有无上锁，围栏基础砖、石结构台架有无裂缝或倒塌可能。

（2）检查围栏四周警示牌是否齐全完好，防撞标识是否清晰。

2. 标准规范图例（图5－1－3）

图5－1－3　围栏的安装示意图

三、接地装置的安装

1. 标准工艺要求

（1）户外箱式设备箱体外壳、开关设备外壳等可能触及的金属部件均应可靠接地，接地扁钢与设备的接地应不少于2处。

（2）接地扁钢表面应涂刷黄间绿接地线标识漆，但与设备接地端的接触面部分除外。

2. 标准规范图例（图5－1－4）

图5－1－4　接地装置的安装示意图

第二章　开　关　柜

第一节　气　　箱

1. 标准工艺要求

（1）应带气体压力计和充气孔。

（2）检查气压表的压力，确认压力值在正常范围内。

2. 标准规范图例（图5－2－1）

图5－2－1　气压表示意图

第二节　开关、接地刀闸

1. 标准工艺要求

（1）开关、接地刀闸操作孔应有挂锁装置，挂上锁后可阻止操作把手插入操作孔。

（2）引线连接应良好，与各部件的间距应符合规范要求。

(3) 接地刀闸与接地线(保护通道)应连接良好,截面(通流容量)应符合要求。

(4) 负荷开关、接地刀闸、隔离开关、断路器、接地刀闸等各种状态应指示正确。

(5) 手动、电动分合闸应正常,操作机构须动作平稳,无卡阻等异常情况。

(6) 五防功能正常、可靠。

2. 标准规范图例(图5-2-2)

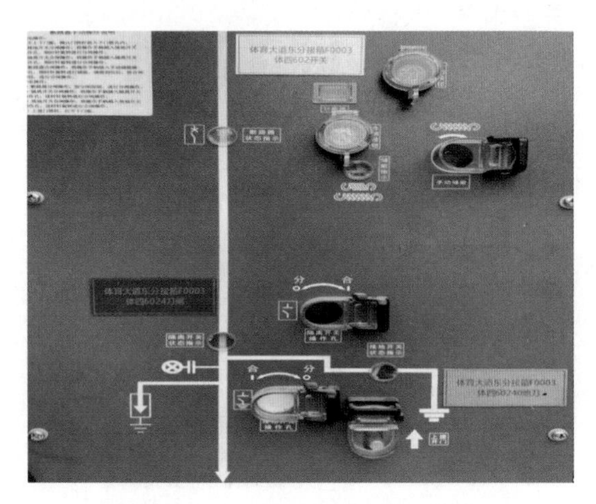

图5-2-2 开关、接地刀闸示意图

第三节 带电显示器

1. 标准工艺要求

(1) 外观应完好,无破损、裂纹。

(2) 动作应可靠、正确。

2. 标准规范图例（图5－2－3）

图5－2－3　带电显示器示意图

第四节　电缆本体的固定

1. 标准工艺要求

（1）电缆沟应加装抱箍，减少电缆头受到向下拉扯的力。

（2）抱箍与电缆本体间应使用防护包扎，防止电缆本体磨损。

2. 标准规范图例（图5－2－4）

图5－2－4　电缆本体的固定示意图

第五节　电缆头的安装

1. 标准工艺要求

（1）电缆应安装牢固、垂直向下，排列整齐美观。

（2）电缆三相分支应无交错，两边相弧度弯曲应对称，相序按黄、绿、红三相色排序。

（3）应力锥与电缆相支导体应无缝隙，且须完全进入应力体绝缘层，密封罩要安装严实。

（4）电缆终端应无裂纹、无破损痕迹，电缆头导体与柜连接处应接触面良好，连接可靠；电缆及电缆头应固定牢固，无受应力现象。

（5）进出线处应封堵严密，当防火封堵孔洞较大时，应采用环氧树脂板封口，并加结构胶密封。

2. 标准规范图例（图5－2－5）

图5－2－5　电缆头的安装示意图

第六节　电流互感器

1. 标准工艺要求

（1）互感器外观应完好，无裂痕、破损。

（2）互感器端子二次接线应正确无误。

（3）电缆屏蔽线应无断裂、散股现象。

（4）零序互感器应正确套入电缆中，且须根据零序互感器安装位置的不同，正确安装电缆屏蔽线，确保零序保护正确发挥作用：①当零序互感器在电缆三叉头上方时，电缆屏蔽线不应穿过零序互感器；②当零序互感器在电缆三叉头下方时，电缆屏蔽线应穿过零序互感器。

2. 标准规范图例（图5－2－6、图5－2－7）

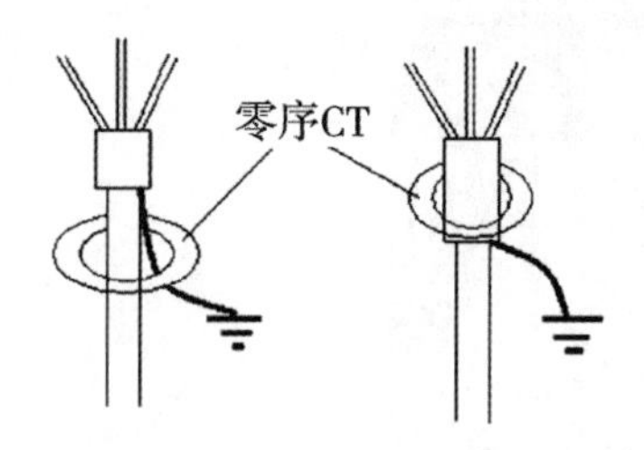

图5－2－6　互感器的安装示意图1

图5－2－7　互感器的安装示意图2

第七节　电压互感器

1. 标准工艺要求

（1）型号规格、变比、精度、容量等应符合设计要求。

（2）保护熔断器应安装牢固，安全距离须满足要求，其参数也应符合设计要求。

（3）应做好防小动物封堵措施。

2. 标准规范图例（图5－2－8）

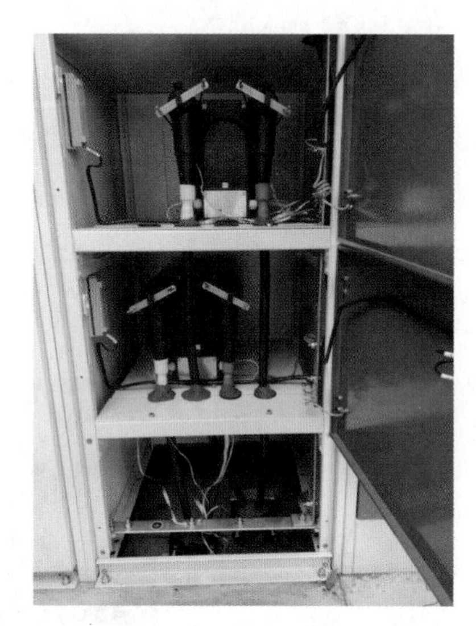

图5－2－8　电压互感器示意图

第八节　避　雷　器

1. 标准工艺要求

（1）外观应完好，无破损、裂纹。三相避雷器的型号规格应一致且符合设计要求。

（2）排列应整齐、高低一致。

（3）上下铜引线截面应不小于 25 mm^2。

（4）引下线接地应可靠。

2. 标准规范图例（图5－2－9）

图 5－2－9　避雷器示意图

第九节　故障指示器

1. 标准工艺要求

故障指示器应测试正常。

2. 标准规范图例（图 5－2－10）

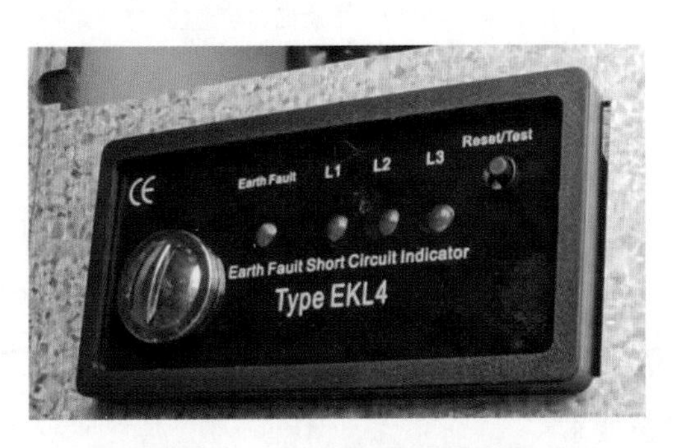

图 5－2－10　故障指示器示意图

第三章　户外开关柜数据传输单元

第一节　二次回路

1. 标准工艺要求

终端各端子排螺丝应压接紧固可靠、接线无松脱，确保 CT 二次端子无开路、PT 二次端子无短路。

2. 标准规范图例（图 5－3－1）

图 5－3－1　二次回路示意图

第二节　自动化终端面板

1. 标准工艺要求

检查终端运行指示灯是否交闪，确认控制器运行正常；检查终端电源指示灯是否亮，确认工作电源正常；检查终端分、合闸指示灯与开关现场状态是否一致；等等。

2. 标准规范图例（图5－3－2）

图5－3－2　自动化终端面板示意图

第三节　压　　板

1. 标准工艺要求

压板应有正确标识，固定牢固、可靠，接触良好，投退符合实际，须按照定值单可靠投入或退出，投入时上下旋钮均应拧紧。

2. 标准规范图例（图5－3－3）

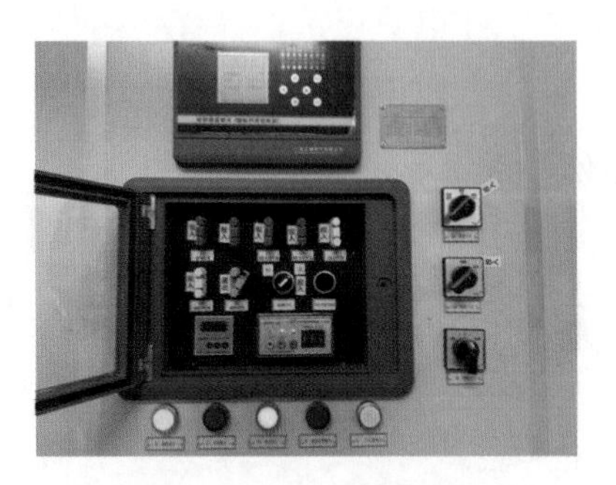

图5-3-3　压板示意图

第四节　光纤配线箱验收

1. 标准工艺要求

（1）检查光纤配线箱，确认其有光缆引入、固定和保护装置。将光缆引入并固定在机架上，保护光缆及缆中芯纤不受损伤（图5-3-4）。

（2）检查光纤是否符合固定规范，盘环设计应合理，使尾纤和跳纤保持正常的曲率半径，避免光纤折断损坏（图5-3-5）。

（3）检查光纤配线箱，确认其有正确完善的标识，能够识别传输路径，且走线标志正确，与光纤拓扑图一致（图5-3-6）。

（4）检查光纤剥开后是否有水晶头保护装置，固定后应接入交换机。检查交换机收发指示灯是否正常（图5-3-7）。

（5）检查光纤配线箱光缆接口是否有防堵泥良好封堵，应防止小动物、雨水雾气渗透而引起光纤故障（图5-3-8）。

2. 标准规范图例（图5-3-4至图5-3-8）

图5－3－4　光纤配线箱验收示意图1

图5－3－5　光纤配线箱验收示意图2

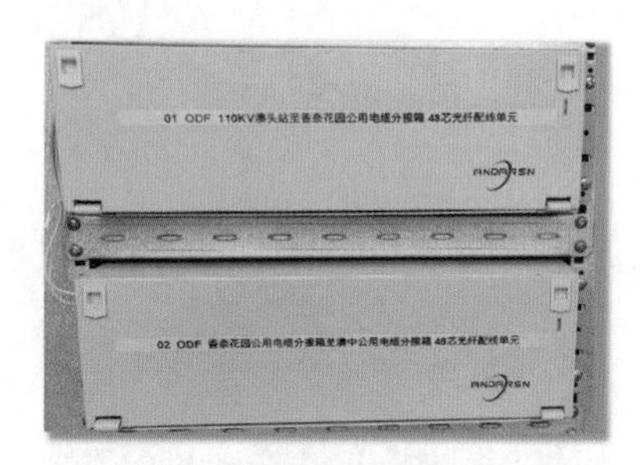

图5－3－6　光纤配线箱验收示意图3

图5－3－7　光纤配线箱验收示意图4

图5－3－8　光纤配线箱验收示意图5

第五节　直　流　屏

1. 标准工艺要求

（1）检查直流屏屏幕，确认其显示正常，各项参数正常，指示灯正常，操作按键灵活（图 5 –3 –9）。

（2）检查直流屏空气开关，确认其有正确标识，空气开关正确投入，充电模块工作正常（图 5 –3 –10）。

（3）检查蓄电池组，确认其外观良好，有正负极明显标识，且正负极接线正确无误（图 5 –3 –11）。

2. 标准规范图例（图 5 –3 –9 至图 5 –3 –11）

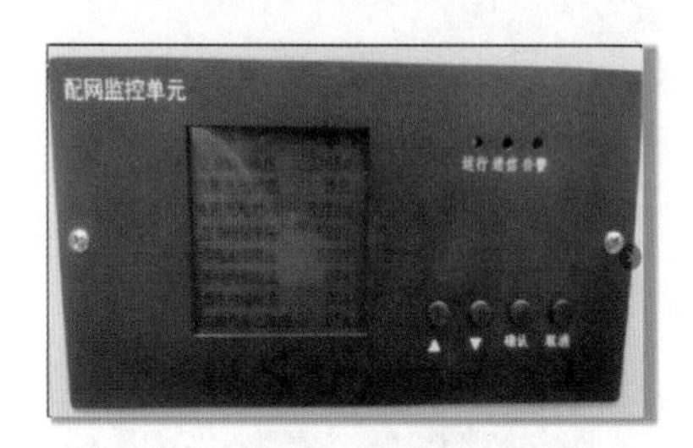

图 5 –3 –9　直流屏示意图 1

图 5 –3 –10　直流屏示意图 2

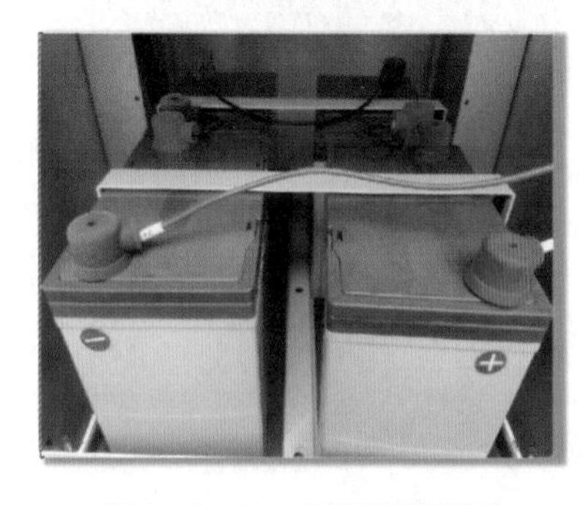

图 5 –3 –11　直流屏示意图 3

第六部分

室内配电站、开关站施工工艺及验收指南

第一章　室内配电站、开关站通用部分

第一节　配电站、开关站选址

1. 标准工艺要求

（1）开关站及配电房宜独立设置，条件受限时可附设于其他建筑物内，但不应设置在建筑物负楼层。

（2）配电站和开关站不应设在厕所、浴室、厨房或其他经常积水场所的正下方处，也不宜设在与上述场所相贴邻的地方，当贴邻时，相邻的隔墙应做无渗漏、无结露的防水处理。

（3）当配电站、开关站与上层居民住宅之间仅隔单层楼板时，应加设混凝土隔板层，加建隔板层与单层楼板间的高度应不小于0.5 m。

（4）首层配电站室内有条件向下开挖电缆沟时，室内应高于室外地坪且距离要大于等于0.3 m。

（5）当配电站、开关站位于建筑物负楼层时，室内地面完成面应高于室外地面且距离要大于等于0.6 m。

（6）长度大于7 m的配电站、开关站应设两个安全出口。

（7）室内相邻配电室之间有门时，应采用不燃材料制作的双向弹簧门。

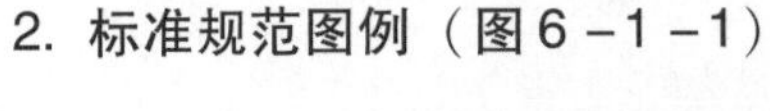

2. 标准规范图例（图6－1－1）

图6－1－1　配电站、开关站选址示意图

第二节　基　　础

一、干变基础

1. 标准工艺要求

（1）变压器基础所有砌体均采用 Mu10 砖、M7.5 水泥砂浆砌筑，砌体应抹光面（采用1：2水泥砂浆，厚度 10 mm）。

（2）基础的中心距离及高度的误差小于应等于 10 mm。

（3）预埋件及预留孔与图纸设计要求应相符，预埋件要牢固。

（4）干式变压器（带金属外壳）外廓与变压器室墙壁和门的最小净距应符合表6－1－1。

表6－1－1　干式变压器外廓与变压器室墙壁和门的最小净距规格

变压器容量（kVA）	100～1000	1250 及以上
变压器带有 IP2X 及以上防护等级金属外壳与后壁、侧壁净距（mm）	600	800
变压器带有 IP2X 及以上防护等级金属外壳与门净距（mm）	800	1000

2. 标准规范图例（图6－1－2）

图6－1－2　干变基础示意图

二、高低压柜基础

1. 标准工艺要求

（1）柜体调校平直后，应与基础槽钢焊接牢固，焊接完成后须做防腐处理；若用地脚螺栓固定的应螺帽齐全、牢固拧紧，须采用镀锌地脚螺栓。

（2）槽钢应有可靠接地。

2. 标准规范图例（图6－1－3）

图6－1－3　高低压柜基础示意图

第三节　门牌标识

1. 标准工艺要求

（1）门牌标识应固定于室内配电站门显眼位置，安装下限离地应有 1.6 m。

（2）对于设置有独立高压室、低压室、变压器室的室内配电站，应在各独立室门处分别设置门牌，并分别注明高压室、低压室、变压器室。

2. 标准规范图例（图 6－1－4）

图 6－1－4　门牌标识示意图

第四节　防小动物措施

1. 标准工艺要求

（1）根据周围环境中鸟类、鼠、蛇类等小动物活动的实际情况，可采取挡板和网栏等措施（图6－1－5）。

（2）配电站、开关站所有大门门脚应加装高度为450 mm的防小动物挡板，挡板应选用耐火材料，固定挡板的金属插槽应可靠接地。挡板上方应标注有防止绊跤线。

（3）配电站、开关站所有排气扇口均应加装防小动物网，防小动物网网孔应采用不大于5×5 mm^{2}的热镀锌金属网（图6－1－6）。

（4）配电站、开关站所有窗均应加装防小动物网，防小动物网的网孔应采用不大于5×5 mm^{2}的热镀锌金属网（图6－1－7）。

（5）电缆进线间管孔需做好封堵。

（6）在电缆竖井穿越楼板处、竖井和隧道或电缆沟（桥架）接口处，应采用防火包等材料封堵（图6－1－8）。

2. 标准规范图例（图6－1－5至图6－1－8）

图6－1－5　防小动物措施示意图1

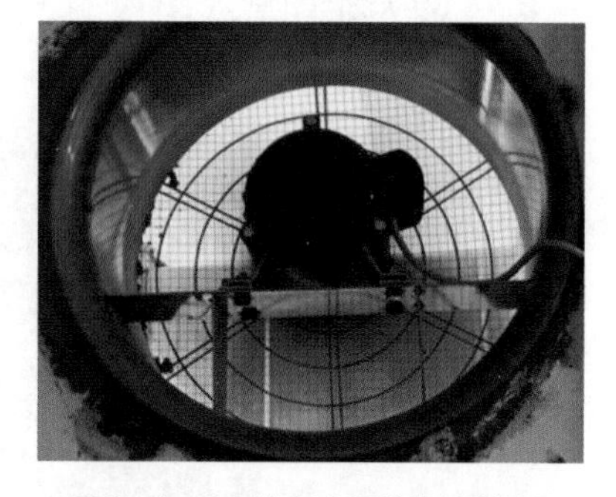

图6－1－6　防小动物措施示意图2

图6－1－7　防小动物措施示意图3

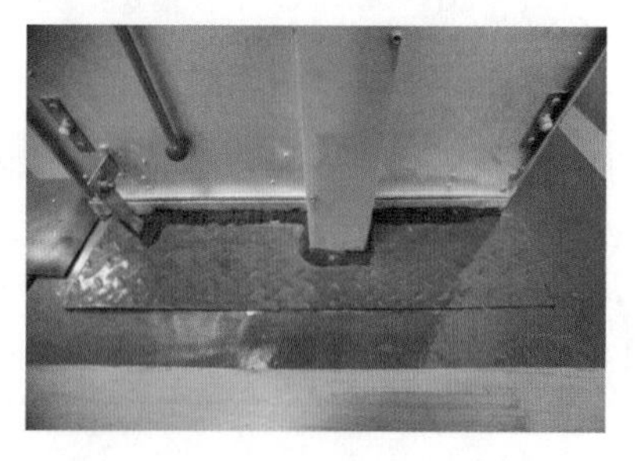

图6－1－8　防小动物措施示意图4

第五节　消防设施

1. 标准工艺要求

配电站、开关站内应设置足够数量的灭火器或其他消防设备。

2. 标准规范图例（图6－1－9）

图6－1－9　消防设施示意图

第六节　标识划线

1. 标准工艺要求

（1）配电站、开关站的地面应涂防静电地坪漆。

（2）电房内距配电柜800 mm、距变压器护栏300 mm处应设置安全警示线，灭火器区域也应设置安全警示线，须采用黄色油漆。

2. 标准规范图例（图6－1－10）

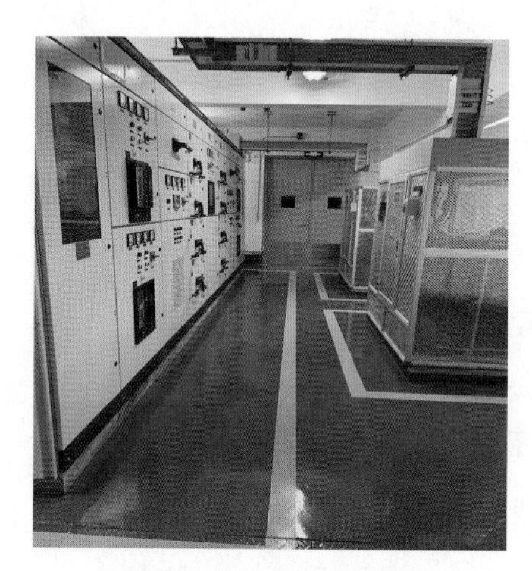

图6－1－10　标识划线示意图

第七节　照明设施

1. 标准工艺要求

（1）配电装置室可开固定窗采光，并应采取玻璃破碎时防止小动物进入的措施。

（2）照明灯具应选用防爆型，导线应采用橡胶绝缘线。

（3）电房内应配置足够数量的应急灯，并安装于有能照及电房各配电设备的地方；应急照明灯应安装在墙面上，安装处对地高度宜为2.5 m。另外，为方便检查应急照明灯的性能是否完好，宜在应急照明灯下方安装日常测试开关，安装处对地高度宜为1.5 m。

2. 标准规范图例（图6－1－11）

图6－1－11　通风照明设施示意图

第八节　配电房内安健环

1. 标准工艺要求

（1）电房应装设与实际运行结接方式相符的一次接线图（包括高、低压接线），并分别挂于靠近高、低压柜的墙上，安装下限宜离地1.4 m（图6－1－12）。

（2）配电站、开关站内墙壁处需安装电房运行制度管理牌、运行标识牌、警示牌、应急出口标识牌及电气中、低压接线图板，须按配电网安健环的设施标准设置（图6－1－13）。

2. 标准规范图例（图6－1－12、图6－1－13）

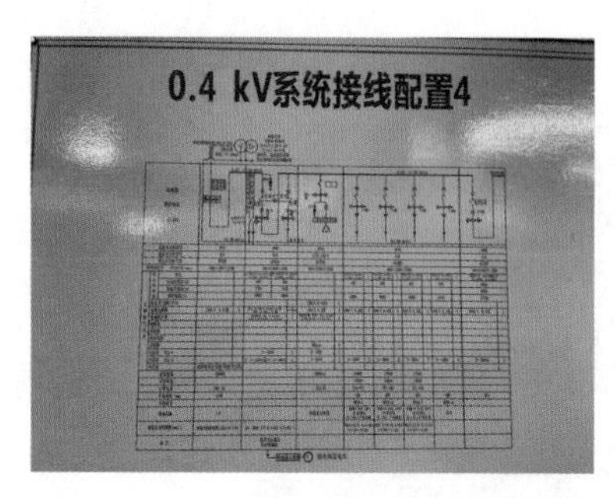

图6－1－12　配电房内安健环示意图1

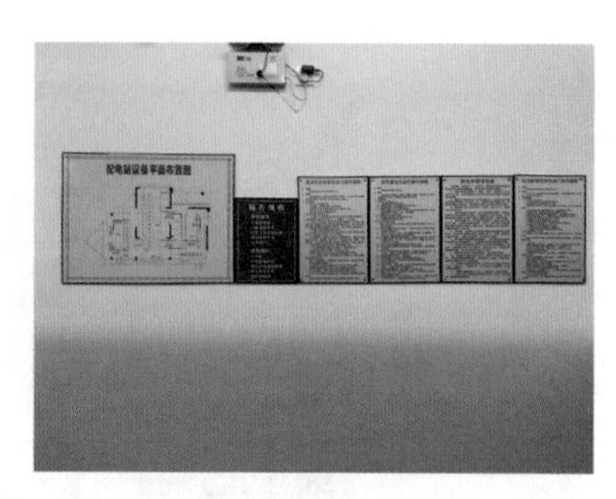

图6－1－13　配电房内安健环示意图2

第九节　接地装置

1. 标准工艺要求

（1）接地装置顶面埋设深度应不小于0.6 m，接地装置的焊接应采用搭接焊，扁钢与扁钢的搭接应为扁钢宽度的2倍，不少于3面施焊。

（2）环绕配电房墙体应设置一根接地扁钢带（－50×5），离地宜300 mm，利用绝缘子支撑。该接地扁钢带与室外地网或建筑结构主筋引出点应有2处连接（引出点宜设置在接地扁钢带对角侧）。

（3）接地扁钢干线外表面应刷黄绿相间的油漆标识。

2. 标准规范图例（图6－1－14）

图6－1－14　接地装置示意图

第二章　开　关　柜

第一节　开关柜整体

1. 标准工艺要求

（1）柜体表面应清洁，无裂纹、破损，油漆完整。

（2）相色标志应正确。

（3）铭牌位置应正确，字迹清晰。

（4）柜体应无放电痕迹。

（5）金属件表面应无锈蚀，并做好防锈处理。

（6）开关柜电缆室应配置观察窗，观察窗应满足开启后可用红外成像仪进行测温。

（7）顶部如有防护罩，应满足防护等级要求，且固定应牢靠。

（8）柜体过两点与接地网应可靠连接，有明显的接地标志，且接地牢固，接地装置电阻应不大于4 Ω。

（9）各转动部分应涂以润滑脂。

（10）柜门应以裸铜线与接地的金属构架可靠连接。

（11）柜体应密封良好，符合防护等级的要求。

2. 标准规范图例（图6-2-1）

图6-2-1 开关柜整体示意图

第二节 安 健 环

1. 标准工艺要求

（1）检查安健环是否齐全、正确，应包含电缆走向标识牌、电缆头铜排及开关、操作孔、压板、指示灯标识牌。

（2）电缆标识牌宜使用固定方式或用专门绑扎材料悬挂在相应位置；开关柜、控制柜等设备的标识牌宜采用强力粘胶以粘贴的方式固定在柜体相应位置。

2. 标准规范图例（图6-2-2）

图6-2-2 安健环示意图

第三节 前后检修通道

1. 标准工艺要求

（1）靠墙布置时，柜后与墙净距应大于0.2 m，侧面与墙净距应大于0.2 m。

（2）单排布置时，柜前操作通道应大于1.5 m，柜后维护通道应大于0.8 m。

（3）双排面对面布置时，柜前操作通道应大于2 m，柜后维护通道应大于0.8 m。

（4）双排背对背布置时，柜前操作通道应大于1.5 m，柜后维护通道应大于1 m。

（5）配电站、开关站内已就位的高低压柜柜顶与建筑物梁底的通道最小应不少于0.6 m。

2. 标准规范图例（图6－2－3）

图6－2－3 前后检修通道示意图

第四节 操作机构部分

1. 标准工艺要求

（1）机构安装应固定牢靠。

（2）固定式开关柜的操作机构应动作平稳，无卡阻等异常情况，还应具备机械、电动分合闸功能，且操作正常无卡阻，分合闸指示正确（与断路器状态相对应），五防功能可靠。

（3）应具备电动、手动储能功能，储能弹簧的储能指示应正确；弹簧储能到位（储能）时，储能弹簧位置的微动开关应动作可靠，储能时间应符合厂家的设计要求。

（4）操作面板应有明确的开关状态、储能状态指示灯及指示标志。

（5）开关气压表的气压指示应正常，不低于红色警戒线。

（6）接地刀闸合上后，下门板应开启、关闭正常，无卡阻。

（7）操作面板上应有断路器一次接线简图、断路器操作说明、下门板连锁操作注意事项。

2. 标准规范图例（图6－2－4）

图6－2－4 操作机构部分示意图

第五节　母　　线

1. 标准工艺要求

（1）安装应牢固，安装工艺应符合规范，母排选材须符合技术协议要求。

（2）相间距离、对地距离应满足技术要求。

（3）相序标志应正确、清晰。

（4）连接导电部分应打磨光洁并涂薄层导电脂。

（5）紧固螺丝规格应符合标准规范，紧固力矩应符合工艺要求。

2. 标准规范图例（图6－2－5）

图6－2－5　母线示意图

第六节　电缆头的安装

1. 标准工艺要求

（1）电缆头外观应完好，冷缩管应无破损，且相色清晰，制作工艺应符合要求。

（2）电缆弯曲半径不可过小，否则可能损伤主绝缘或导致电场集中，一般弯曲半径应大于12倍电缆外径。

（3）电缆头必须安装牢固、垂直向下，排列应整齐美观，线耳接触良好。(图6－2－6)

（4）应力锥安装位置应正确，尾部应按要求做防水处理。

（5）电缆头接地应与接地体连接牢固。

（6）故障指示器应安装紧固，防止因滑动而造成脱落，对应相色应安装正确。

（7）电缆应在底板下方有固定，避免因电缆自重牵引而导致套管受力烧毁、漏气。

（8）电缆头制作完成后应套好封帽、安装严实，防止灰尘进入及受潮。

（9）电缆头运行的相距要求应符合附表（图6－2－7）。

2. 标准规范图例（图6－2－6、图6－2－7）

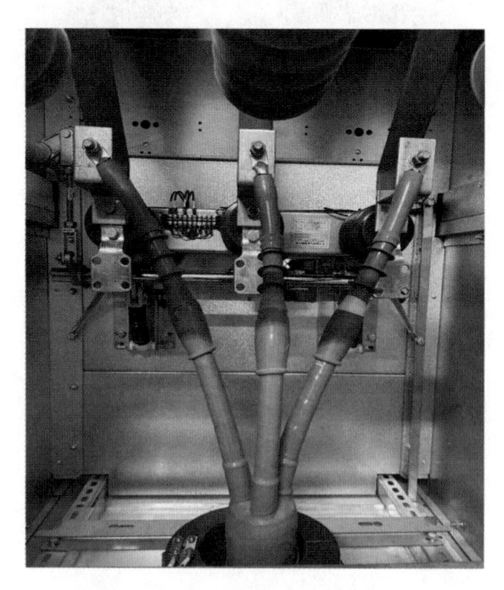

图6－2－6　电缆头的安装示意图

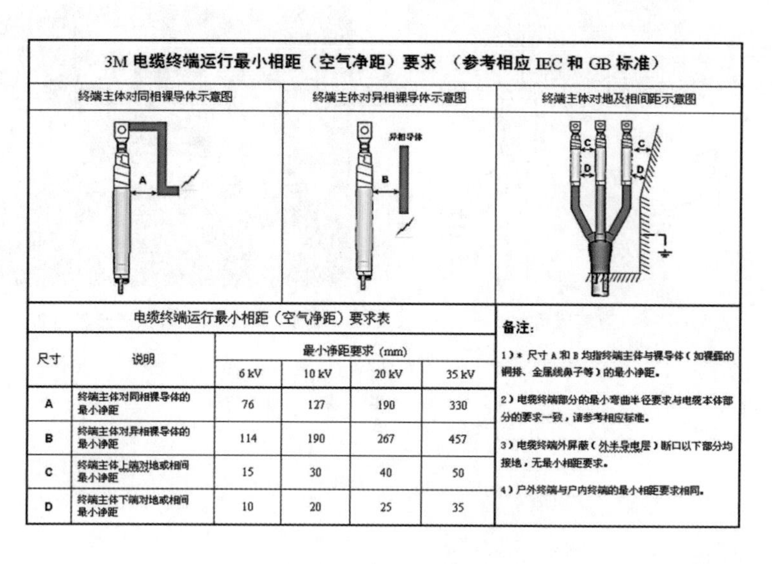

3M 电缆终端运行最小相距（空气净距）要求 （参考相应 IEC 和 GB 标准）

终端主体对同相裸导体示意图	终端主体对异相裸导体示意图	终端主体对地及相间距示意图

电缆终端运行最小相距（空气净距）要求表

尺寸	说明	最小净距要求 (mm)			
		6 kV	10 kV	20 kV	35 kV
A	终端主体对同相裸导体的最小净距	76	127	190	330
B	终端主体对异相裸导体的最小净距	114	190	267	457
C	终端主体上端对地或相间最小净距	15	30	40	50
D	终端主体下端对地或相间最小净距	10	20	25	35

备注：

1）* 尺寸 A 和 B 均指终端主体与裸导体（如裸露的铜排、金属线鼻子等）的最小净距。

2）电缆终端部分的最小弯曲半径要求与电缆本体部分的要求一致，请参考相应标准。

3）电缆终端外屏蔽（外半导电层）断口以下部分均接地，无最小相距要求。

4）户外终端与户内终端的最小相距要求相同。

图 6 –2 –7　电缆头运行的相距要求示意图

第七节　互　感　器

1. 标准工艺要求

（1）互感器外观应完好、无裂痕、破损。

（2）互感器端子二次接线应正确无误。

（3）电缆屏蔽线应无断裂、散股现象。

（4）零序互感器应正确套入电缆中，且须根据零序互感器安装位置的不同，正确安装电缆屏蔽线，确保零序保护正确发挥作用：①当零序互感器在电缆三叉头上方时，电缆屏蔽线不应穿过零序互感器；②当零序互感器在电缆三叉头下方时，电缆屏蔽线应穿过零序互感器。

2. 标准规范图例（图 6 –2 –8、图 6 –2 –9）

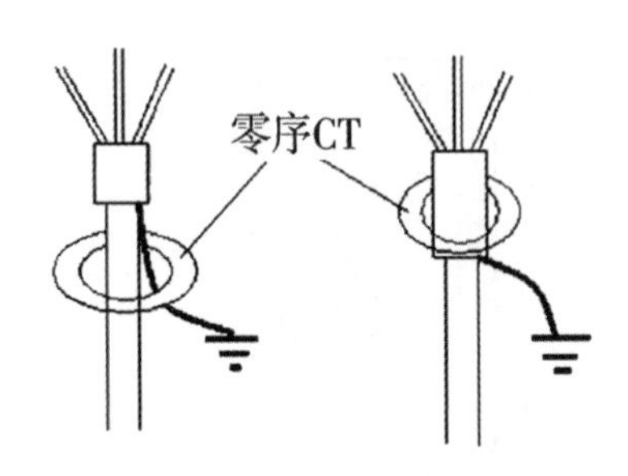

图6-2-8　互感器示意图1

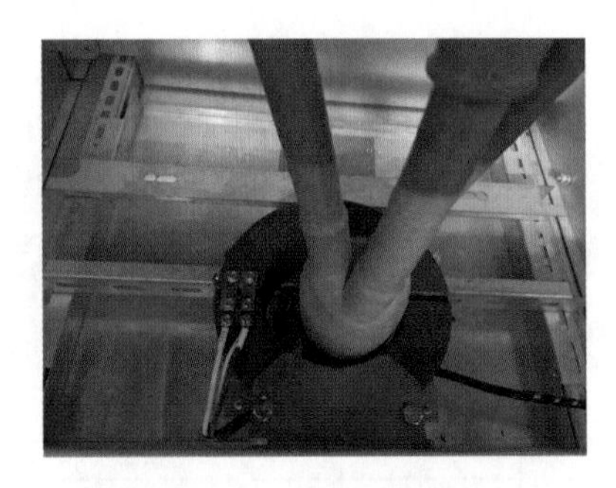

图6-2-9　互感器示意图2

第八节　封堵措施

1. 标准工艺要求

（1）高低压柜应封堵，可加装绝缘板封盖及结构胶进行缝隙填堵。

（2）若电缆与箱体间的间隙小于6 mm，可直接用防火对间隙进行整体封堵；若间隙大于6 mm，则先用绝缘材质薄板封堵，再用防火泥填补缝隙。封堵材料要求：绝缘板封盖+结构胶密封，绝缘板厚度要求为3 mm。

2. 标准规范图例（图6-2-10）

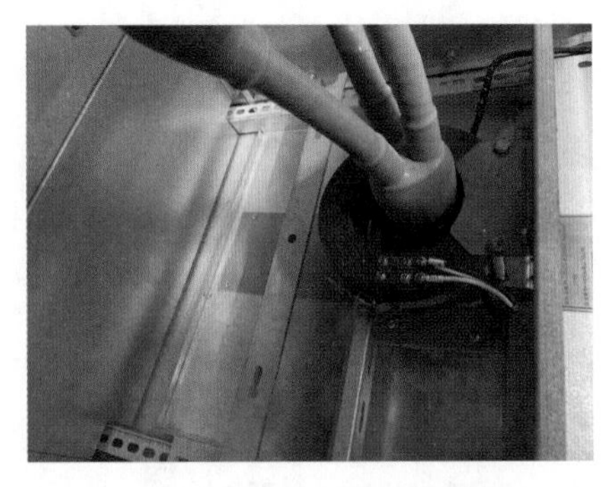

图6-2-10　封堵措施示意图

第三章　室内开关站数据传输单元

第一节　二次回路

1. 标准工艺要求

终端各端子排螺丝应压接紧固可靠、接线无松脱，确保 CT 二次端子无开路、PT 二次端子无短路。

2. 标准规范图例（图 6－3－1）

图 6－3－1　二次回路示意图

第二节　自动化终端面板

1. 标准工艺要求

检查终端运行指示灯是否交闪，确认控制器运行正常；检查终端电源指示灯是否亮，确认工作电源正常；检查终端分、合闸指示灯与开关现场状态是否一致；等等。

2. 标准规范图例（图6-3-2）

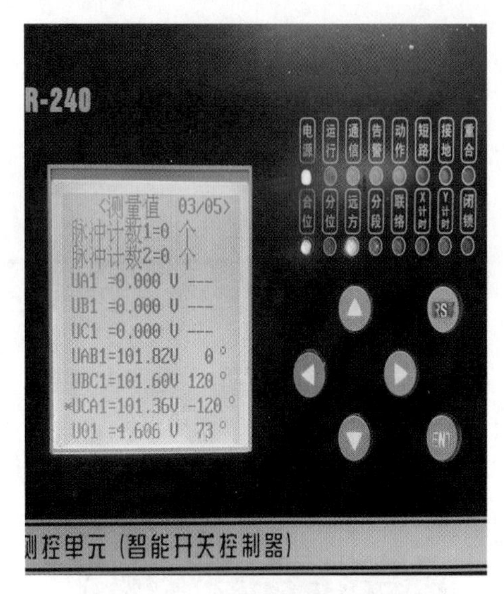

图6-3-2 自动化终端面板示意图

第三节 压 板

1. 标准工艺要求

压板应有正确标识，固定牢固、可靠，接触良好，投退符合实际，须按照定值单可靠投入或退出，投入时上下旋钮均应拧紧。

2. 标准规范图例（图6-3-3）

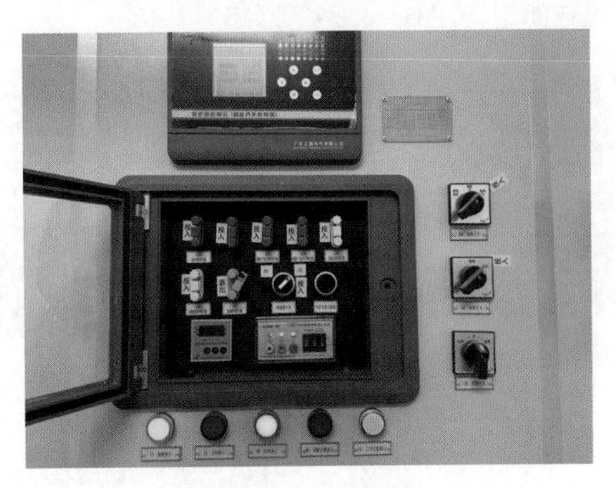

图6-3-3　压板示意图

第四节　光纤配线箱验收

1. 标准工艺要求

（1）检查光纤配线箱，确认其有光缆引入、固定和保护装置。将光缆引入并固定在机架上，保护光缆及缆中芯纤不受损伤（图6-3-4）。

（2）检查光纤是否符合固定规范，盘环设计应合理，使尾纤和跳纤保持正常的曲率半径，避免光纤折断损坏（图6-3-5）。

（3）检查光纤配线箱，确认其有正确完善的标识，能够识别传输路径，且走线标志正确，与光纤拓扑图一致（图6-3-6）。

（4）检查光纤剥开后是否有水晶头保护装置，固定后应接入交换机。检查交换机收发指示灯是否正常（图6-3-7）。

（5）检查光纤配线箱光缆接口是否有防堵泥良好封堵，应防止小动物、雨水雾气渗透而引起光纤故障（图6-3-8）。

2. 标准规范图例（图6－3－4至图6－3－8）

图6－3－4　光纤配线箱验收示意图1

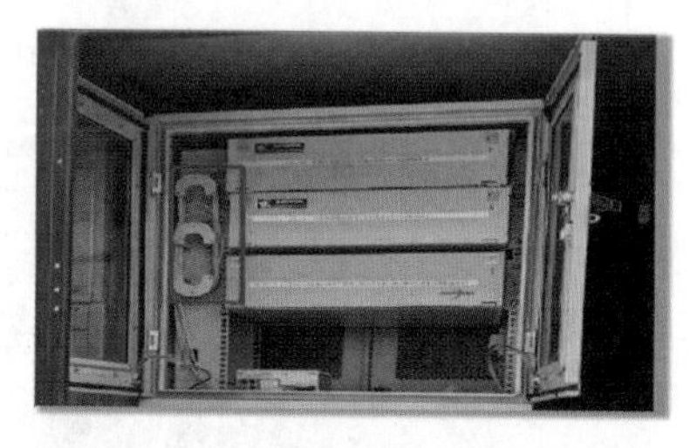

图6－3－5　光纤配线箱验收示意图2

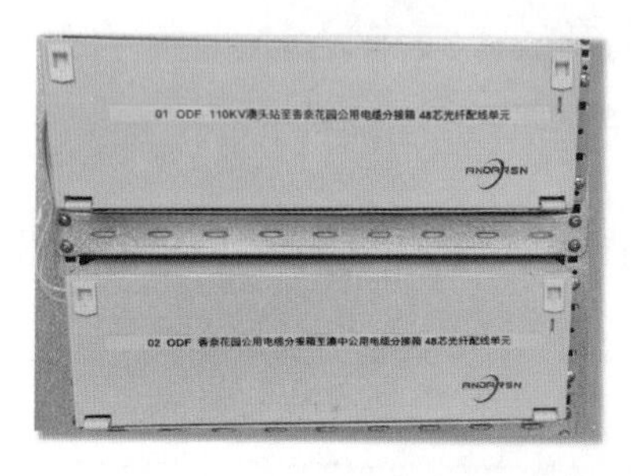

图6－3－6　光纤配线箱验收示意图3

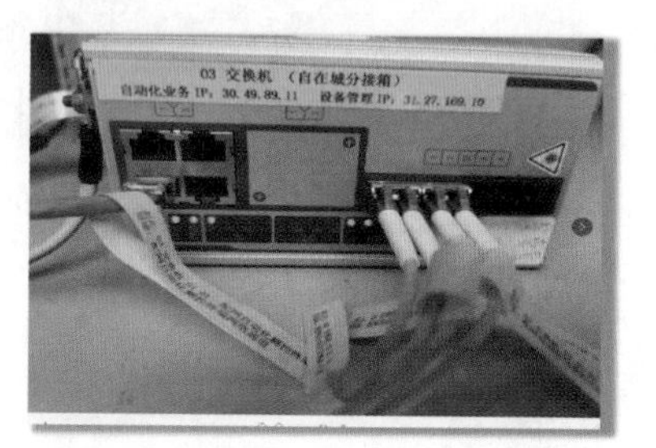

图6－3－7　光纤配线箱验收示意图4

图6－3－8　光纤配线箱验收示意图5

第五节　直　流　屏

1. 标准工艺要求

（1）检查直流屏屏幕，确认其显示正常，各项参数正常，指示灯正常，操作按键灵活（图6－3－9）。

（2）检查直流屏空气开关，确认其有正确标识，空气开关正确投入，充电模块工作正常（图6－3－10）。

（3）检查蓄电池组，确认其外观良好，有正负极明显标识，且正负极接线正确无误（图6－3－11）。

2. 标准规范图例（图6－3－9至图6－3－11）

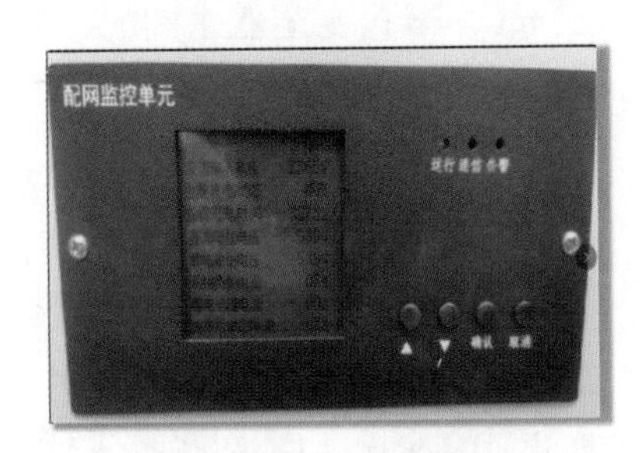

图6－3－9　直流屏示意图1

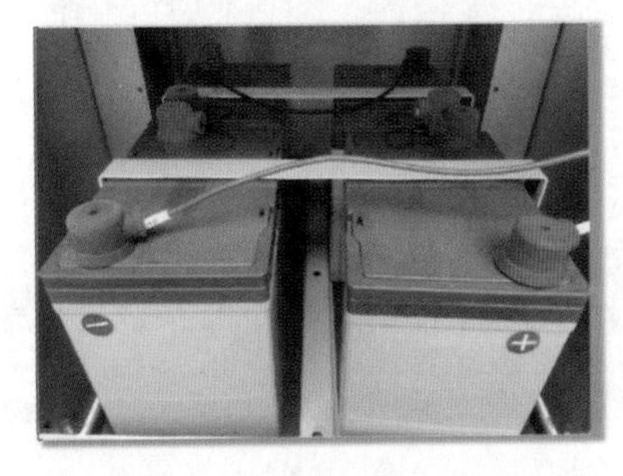

图6－3－11　直流屏示意图3

图6－3－10　直流屏示意图2

第四章　变　压　器

第一节　变压器外观

1. 标准工艺要求

（1）检查变压器是否外观完好，确保外表无积污和变色，无积尘，铭牌清晰，外壳应具有清晰的观察口，可观察变压器的运行状况。

（2）其外廓与墙壁距离应不小于600 mm，干式变压器之间的距离应不小于1000 mm，通道设置及其宽度上应满足巡视维修的要求。

（3）干式变压器基础高度应按照设计图纸距地面300 mm，满足防水浸的要求。

（4）变压器基础不应有塌陷、缺口等基础不牢的情况。

（5）将变压器运至现场后，应对变压器的外观进行检查，确保变压器无锈蚀及机械损伤；油浸式变压器油箱应无渗漏现象，核对技术参数，各项参数应符合设计要求。

2. 标准规范图例（图6-4-1）

图6-4-1　变压器外观示意图

第二节　安　健　环

1. 标准工艺要求

（1）检查安健环是否齐全、正确，应包含电缆走向标识牌，电缆头铜排及中、低压侧标识牌，二次设备指示灯标识牌。

（2）电缆标识牌宜使用固定方式或用专门绑扎材料悬挂在相应位置；开关柜、控制柜等设备的标识牌宜使用强力粘胶用粘贴的方式固定在柜体相应位置。禁止使用铁丝绑扎方式固定任何标识牌。

（3）若设备标识牌不能安装在设备本体上，可采用带有固定支撑杆的方式，将设备标识牌安装在面向主要通道方向的设备本体附近，其位置高度与该设备高度相适宜即可。

图6－4－2　安健环示意图

2. 标准规范图例（图6－4－2）

第三节　变压器元器件

1. 标准工艺要求

（1）变压器一次、二次引线的相位、相色应清晰、正确。

（2）变压器须清理，应擦拭干净，无积尘，顶盖上无遗留杂物，本体及附件无缺损。

（3）母线排支柱绝缘子应完好，无破损、污秽、受潮等现象。

（4）变压器分接头位置应处于正常电压档位，确认档位指示清楚，连接牢固。

（5）变压器内通风设施应完善。

（6）变压器为带防护外壳的干式变压器，变压器底座应配置橡胶减震器或阻尼弹簧减震器，防震胶垫厚度应大于等于 30 mm。

2. 标准规范图例（图 6－4－3）

图 6－4－3　变压器元器件示意图

第四节　高压接线、电缆头制作

1. 标准工艺要求

（1）电缆头外观应完好，确保冷缩管无破损，相色清晰，制作工艺应符合要求。

（2）电缆弯曲半径不可过小，否则可能损伤主绝缘或导致电场集中，一般弯曲半径应大于12倍电缆外径。

（3）电缆头必须安装牢固、垂直向下，确保排列整齐美观，线耳接触良好，螺丝垫片齐全。

（4）应力锥安装位置应正确。

（5）电缆应在底板下方有固定，避免电缆因自重牵引而导致线耳受力变形、发热。

（6）终端头相间及对地距离应满足规范要求。

（7）电缆头与母排连接处应有绝缘护套，防止小动物碰触。

2. 标准规范图例（图6－4－4）

图6－4－4　高压接线、电缆头制作示意图

第五节　低压接线

1. 标准工艺要求

（1）变压器与电缆头连接的铜排部分、低压侧接线端子、低压母线槽软连接处须加热缩式绝缘外套。

（2）母线槽与变压器、配电柜的连接应采用软连接方式。

（3）母线槽安装前，各分段标志应清晰齐全、外观无损伤变形，母线螺栓固定搭接面应平整，其镀银无麻面、起皮及未覆盖部分，各段绝缘电阻应不小于 10 MΩ。

（4）母线槽垂直敷设时，距地面 1.8 m 以下部分应采取防止机械损伤的措施，但敷设于专用电井、配电室、电机房等时除外。

2. 标准规范图例（图 6-4-5）

图 6-4-5 低压接线示意图

第六节 接地装置

1. 标准工艺要求

（1）变压器箱体、干式变压器的支架或外壳应接地（PE）。所有连接应可靠，紧固件及防松零件应齐全，接地电阻要求 4 Ω 以下（图 6-4-6）。

（2）变压器中性线在中性点处应与保护接地线同接在一处，中性线宜采用绝缘导线，保护地线宜采用黄绿相间的双色绝缘导线。

（3）在变压器中性线的接地回路中，靠近变压器处，宜做一个可拆卸的连接点（图6－4－7）。

2. 标准规范图例（图6－4－6、图6－4－7）

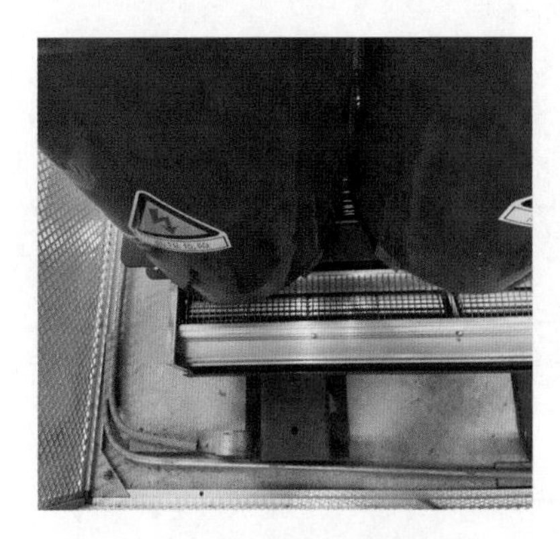

图6－4－6　接地装置示意图1

图6－4－7　接地装置示意图2

第七节　封 堵 措 施

1. 标准工艺要求

高低压电缆进出线内部应封堵严密。

2. 标准规范图例（图6－4－8）

图6－4－8　封堵措施示意图

第八节　温控接线

1. 标准工艺要求

（1）检查干式变压器内温度测量装置，确认接线已连接，且正确无误。

（2）温度测量装置应运行正常，温度限值不超出规定。

（3）配变负荷监测终端应外观完好、工作正常，数据显示清晰，无报警等异常信号。变压器应装设数字显示式温度计，用于监测变压器运行温度，并设置测温报警或跳闸接点。温度计应装在变压器上或前柜门上（带保护外壳变压器）。

2. 标准规范图例（图6－4－9）

图6－4－9　温控接线示意图

第五章　低压成套设备

第一节　低压柜整体

1. 标准工艺要求

（1）柜（盘）本体外观应无损伤及变形，油漆应完整无损。柜（盘）内部检查电器装置及元件、绝缘瓷件是否齐全，应无损伤、裂纹等缺陷。

（2）外壳表面应采用防腐材料或在裸露的表面涂上不炫目反光的防腐覆盖层，表面应无起泡、裂纹或流痕等缺陷。

（3）基础槽钢水平高度应高出抹平地面 10 mm，与柜体连接应牢固、可靠。

（4）当成排布置的配电屏长度大于 6 m 时，屏后面的通道应设有两个出口；当两出口之间的距离大于 15 m 时，应增加出口。

2. 标准规范图例（图 6－5－1）

图 6－5－1　低压柜整体示意图

第二节　安　健　环

1. 标准工艺要求

（1）低压开关、刀闸标签应固定安装在0.4 kV开关、刀闸操作孔、操作把手或面板周围的合适位置，开关为白底红字，刀闸为绿底白字。

（2）低压开关进、出线属性标识牌应固定安装在有出线的0.4 kV开关操作把手或面板的下方。

2. 标准规范图例（图6－5－2）

图6－5－2　安健环示意图

第三节　接　地　装　置

1. 标准工艺要求

（1）检查接地装置是否完好，安装应符合规范（图6－5－3）。

（2）柜、屏、台、箱、盘的金属框架及基础型钢须接地（PE）或接零（PEN）可靠；装有电器的可开启门，门和框架的接地端子间应用裸编织铜线、专用接线端子连接，且应有标识。

（3）每台柜（盘）应单独与基础型钢连接，可采用铜线将柜内 PE 排与接地螺栓可靠连接，且必须加弹簧垫圈进行防松处理。每扇柜门应分别用铜编织线与 PE 排可靠连接。

2. 标准规范图例（图 6-5-3、图 6-5-4）

图 6-5-3　接地装置示意图 1

图 6-5-4　接地装置示意图 2

第四节　机械、电动操作

1. 标准工艺要求

（1）断路器、隔离刀闸的操作手柄或传动杠杆的开、合位置应正确，开关状态指示应正确。

（2）断路器在合闸过程中，不应跳跃。

（3）抽出式断路器的工作、试验、隔离 3 个位置的定位应明显，确保抽、拉无卡阻，机械连锁可靠，防止带负荷进行抽出操作。

（4）低压总开关、联络开关之间的电气连锁装置应可靠、正常

（带电后检查）。

（5）手车、抽出式成套配电柜的推拉应灵活，无卡阻、碰撞现象。动触头与静触头的中性线应一致，且触头接触紧密。投入时，接地触头先于主触头接触；退出时，接地触头应后于主触头脱开。

2. 标准规范图例（图 6－5－5）

图 6－5－5　机械、电动操作把手示意图

第五节　封堵措施

1. 标准工艺要求

（1）低压柜应封堵，可加装绝缘板封盖及结构胶进行缝隙填堵。

（2）若电缆与箱体间的间隙小于 6 mm，可直接用防火对间隙进行整体封堵；若间隙大于 6 mm，则先用绝缘材质薄板封堵，再用防火泥填补缝隙。封堵材料要求：绝缘板封盖＋结构胶密封，绝缘板厚度要求为 3 mm。

（3）电缆出线口处应封堵严密，防止小动物进入。

2. 标准规范图例（图 6－5－6）

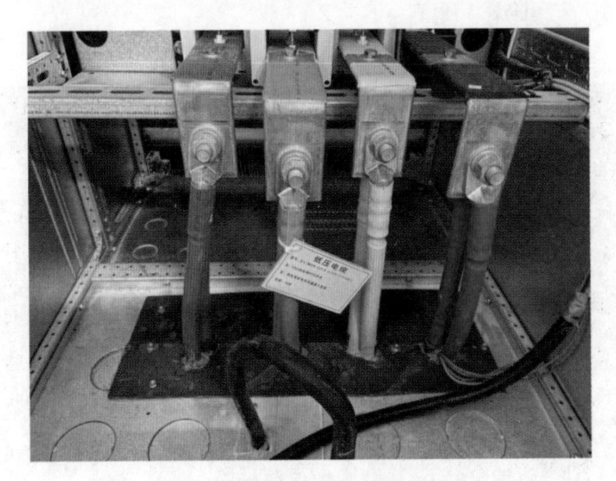

图6-5-6　封堵措施示意图

第六节　低压母排连接

1. 标准工艺要求

（1）不同相的带电部分的安全净距应不小于 20 mm，若安全净距不符合要求应加装绝缘挡板。

（2）柜内母排型号规格应与低压开关柜技术规范及设计图纸的要求保持一致，相色标志应清晰、不脱落。

（3）与变压器连接处应采用同截面软铜辫子过渡，低压母线槽软连接处须加热缩式绝缘外套。

（4）电缆头相色标志应与母排相色标志对应，且正确、清晰、不脱落。

（5）所有二次电缆通道必须与一次线路隔离，严禁控制电缆与一次线路混放，配电柜二次室之间要求有二次电缆通道（通道截面积不小于 $5\times5\ cm^2$）。

2. 标准规范图例（图6－5－7）

图6－5－7　低压母排连接示意图

第七节　低压接线

1. 标准工艺要求

（1）低压电缆终端应无裂纹、无破损痕迹；电缆头导体与柜连接处应接触面良好，连接可靠。

（2）电缆及电缆头应固定牢固，无受应力现象。

（3）电缆头出线应预留足够长度，预防烧坏需更换。

（4）检查电缆头线耳接触面是否紧密贴合，应涂抹导电膏，螺丝可使用“两垫一弹”紧固。

2. 标准规范图例（图6－5－8）

图6－5－8　低压接线示意图

第八节　低压密集型母线槽

1. 标准工艺要求

（1）母线槽布线应适用于干燥、无腐蚀性气体的室内场所。

（2）母线槽安装前，各分段标志应清晰齐全、外观无损伤变形，母线螺栓固定搭接面应平整，其镀银无麻面、起皮及未覆盖部分，各段绝缘电阻应不小于10 MΩ。

（3）母线槽垂直敷设时，距地面1.8 m以下部分应采取防止机械损伤的措施，但敷设于专用电井、配电室、电机房等时除外。

（4）母线槽底至地面的高度应不小于2.2 m，支持点间距宜不大于2 m。

（5）过楼板处宜采用专用附件支承，母线槽的连接不应在穿过楼板或墙壁处。

2. 标准规范图例（图6－5－9）

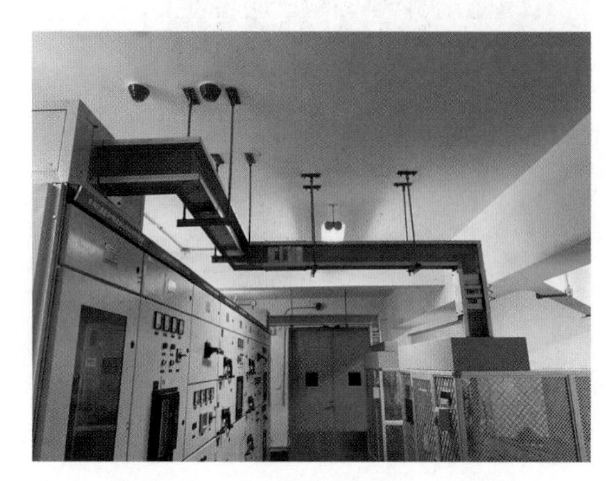

图6－5－9　低压密集型母线槽示意图

第九节　高低压电缆桥架安装工艺技术要求

1. 标准工艺要求

（1）配电站、开关站内高压电缆桥架宜沿墙引下并与高压电缆沟贯通，高压与低压、公变与专变电缆桥架均应分开独立设置（图6－5－10）。

（2）电缆桥架可根据荷载曲线选择最佳跨距进行支撑，一般为1.5～3 m；垂直敷设时，支撑间距应不大于2 m（图6－5－11）。

（3）高低压桥架上下层布置时，高压桥架应置于上层，且层间距应不小于0.3 m。

（4）电缆桥架不宜敷设在热力与气体管道的上方及腐蚀性液体管

道的下方，否则应采取防腐、隔热措施。

（5）电力电缆在桥架内横断面的填充率应不大于40%，控制电缆填充率应不大于50%。

（6）金属桥架及其支架和引入或引出的金属电缆导管必须接地（PE）或接零（PEN）可靠，桥架及支架全长应不少于2处接地或接零（图6-5-12）。

2. 标准规范图例（图6-5-10至图6-5-12）

图6-5-10　高低压电缆桥架安装工艺技术要求示意图1

图6-5-11　高低压电缆桥架安装工艺技术要求示意图2

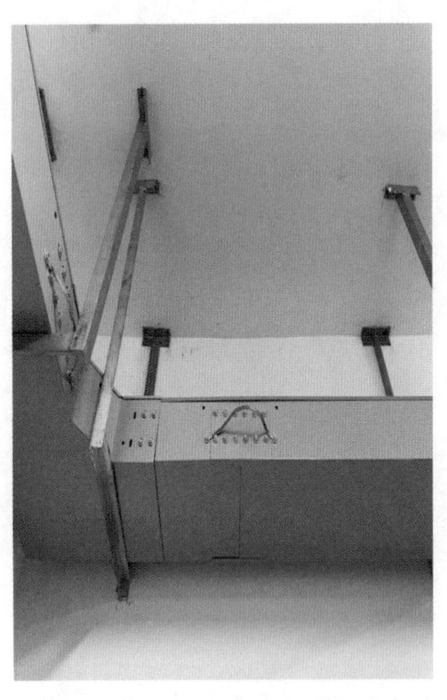

图6-5-12　高低压电缆桥架安装工艺技术要求示意图3

第七部分

箱式变压器施工工艺及验收指南

第一章 美式箱变

第一节 美式箱变整体

1. 标准工艺要求

检查箱变周围有无杂草丛生、杂物堆积，有无危及箱变安全运行的隐患。

2. 标准规范图例（图7-1-1）

图7-1-1 美式箱变整体示意图

第二节 美式箱变安健环

1. 标准工艺要求

（1）箱变应悬挂标识、警告牌，检查是否齐全、清晰，是否参照

《广东电网公司配网安健环设施标准》执行。

（2）标识牌须严格使用不锈钢腐蚀工艺制作，制作厚度为0.3～0.5 mm。

（3）标识牌字体均由腐蚀工艺形成，整体漆面下陷0.1～0.2 mm，指甲触摸有阶梯感。

2. 标准规范图例（图7－1－2）

图7－1－2　美式箱变安健环示意图

第三节　美式箱变围栏

1. 标准工艺要求

（1）检查变压器围栏是否完好，有无上锁，围栏基础砖、石结构台架有无裂缝或倒塌可能。

（2）检查围栏四周警示牌是否齐全完好，防撞标识是否清晰。

（3）箱式设备设置在人口稠密、交通繁忙、设备易受外力破坏的区域时，四周应设置防撞围栏，并在围栏靠开阔面的门上挂设“门口一带严禁停放车辆、堆放杂物等”标识牌。

（4）若场地允许时，栏杆与设备的距离应保证1.5 m；若场地不允许时，可贴邻装设，栏杆与设备的距离应保证0.3 m。

2. 标准规范图例（图7－1－3）

图7－1－3　美式箱变围栏示意图

第四节　美式箱变基础

1. 标准工艺要求

（1）基础完成面应高出周边地面400 mm，箱变基础槽钢应高出基础面15 mm。

（2）箱体调校平稳后，应与基础槽钢焊接牢固；若用地脚螺栓固定的，应螺帽齐全、拧紧牢固。

（3）电缆沟压顶及沟盖板应平整顺直，铺设稳固无响动。

（4）电缆井压顶四周应钢筋圈梁、埋设L50×5镀锌角铁，对井压顶进行固定及保护。

（5）箱变的操作通道应不小于1.5 m，非操作维护通道应不小于

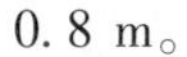

0.8 m。

2. 标准规范图例（图7－1－4）

图7－1－4　美式箱变基础示意图

第五节　美式箱变接地装置

1. 标准工艺要求

（1）箱变的箱体应设专用接地导体，该接地导体上应设有与接地网相连的固定连接端子，其数量应不少于3个，其中高压间隔至少有1个，低压间隔至少有1个，变压器室至少有1个，并应有明显的接地标志，接地端子用直径不小于12 mm的铜质螺栓。接地网的接地电阻应不大于4 Ω。

（2）户外箱式设备的箱体外壳、开关设备外壳等可能触及的金属部件均应可靠接地，接地扁钢与设备的接地应不少于2处。

（3）接地扁钢表面应涂刷黄间绿接地线标识漆，但与设备接地端的接触面部分除外，禁止涂刷设备接地端的接触面。

2. 标准规范图例（图7－1－5）

图7－1－5　美式箱变接地装置示意图

第六节　美式箱变高压间隔

1. 标准工艺要求

（1）检查箱变油位计的油位是否正常，是否存在渗漏油现象（图7－1－6）。

（2）检查压力表的气压是否正常。

（3）高压间隔门的内侧应挂设有主回路的接线图、相关注意事项。

（4）备用的高压套管应有绝缘屏蔽帽。

（5）变压器散热管禁止悬挂标识牌，变压器外观应无锈蚀及凹陷破损，油位应正常，油箱无渗漏现象，且铭牌标识清晰，内容齐全（图7－1－7）。

（6）注油和放油阀应紧固完好、无渗漏现象。

（7）检查箱变调档开关处，确保档位正确，调档无卡阻等异常情况（图7－1－8）。

（8）箱变负荷开关状态指示应正确（图7－1－9）。

（9）带电显示器应外观完好，无破损、裂纹，显示正常（图7－1－10）。

2. 标准规范图例（图7－1－6至图7－1－10）

图7－1－6　美式箱变高压间隔示意图1

图7－1－7　美式箱变高压间隔示意图2

图7－1－8　美式箱变高压间隔示意图3

图7－1－9　美式箱变高压间隔示意图4

图7－1－10　美式箱变高压间隔示意图5

第七节　美式箱变电缆头制作

1. 标准工艺要求

（1）电缆三相分支应无交错，两边相弧度弯曲应对称，相序按黄、绿、红三相色排序。

（2）应力锥与电缆相支导体应无缝隙，且完全进入应力体绝缘层，密封罩安装严实。

（3）电缆终端应无裂纹、无破损痕迹，电缆头导体与柜连接处应接触面良好、连接可靠；电缆及电缆头应固定牢固，无受应力现象

（4）进出线处应封堵严密，当防火封堵孔洞较大时，应采用环氧树脂板封口，并加涂防火泥密封。

2. 标准规范图例（图 7－1－11 至图 7－1－13）

图 7－1－11　美式箱变电缆头制作示意图 1

图7－1－12　美式箱变电缆头制作示意图2

图7－1－13　美式箱变电缆头制作示意图3

第八节　美式箱变低压间隔

1. 标准工艺要求

（1）柜（箱）门应在不小于120°的角度内灵活启闭并设有定位装置。

（2）柜内母排型号的规格应与低压开关柜技术规范及设计图纸的要求保持一致、相色标志应清晰、不脱落；电缆头相色标志与母排相色标志要对应，应正确、清晰、不脱落。不同相的带电部分的安全净距应不小于20 mm，若安全净距不符合要求则应加装绝缘挡板（图7－1－14、图7－1－15）。

（3）各元件之间的连接线应走线有序，连接牢固。

（4）进出线位置应设置绝缘挡板，防小动物封堵设施应完整有效。

（5）电容器应外观完好，无破损、鼓包、变形等缺陷，确保无功补偿装置人工投切和自动投切运行正常、可靠；控制器应外观完好、工作正常，数据显示清晰，无报警等异常信号（图7－1－16、图7－1－17）。

（6）外壳应接地良好，连接用接线端子，连接规范。

（7）各类断路器、隔离刀闸应试操作，确保操作手柄或传动杠杆的开、合位置正确，开关状态指示正确（图7－1－18）。

（8）主要技术参数，如壳架电流、额定电流、运行短路分断能力、极限短路分断能力、极数、安装方式应与低压开关柜技术规范及设计图纸的要求保持一致。

（9）低压总开关、联络开关之间的电气连锁装置应可靠、正常（带电后检查）。

（10）配变负荷监测终端应外观完好、工作正常，数据显示清晰，无报警等异常信号（图 7－1－19）。

（11）电压表、电流表、有功表、无功表、功率因数表等仪表应外观完好、指示正常、量程符合要求。

2. 标准规范图例（图 7－1－14 至图 7－1－19）

图 7－1－14　美式箱变低压间隔示意图 1

图 7－1－15　美式箱变低压间隔示意图 2

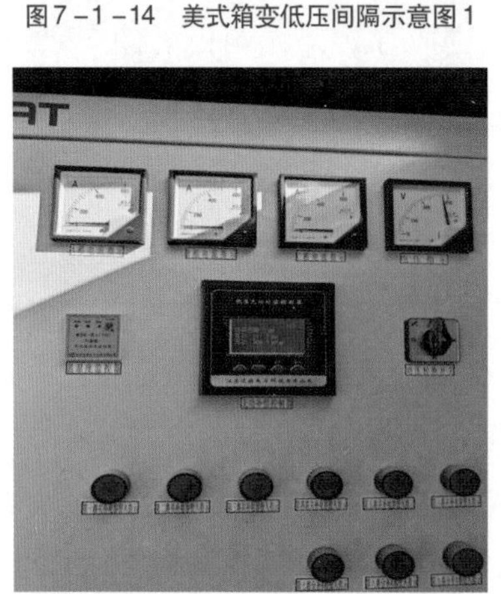

图 7－1－16　美式箱变低压间隔示意图 3

图 7－1－17　美式箱变低压间隔示意图 4

图7－1－18　美式箱变低压间隔示意图5

图7－1－19　美式箱变低压间隔示意图6

第二章 欧式箱变

第一节 欧式箱变整体

1. 标准工艺要求

检查箱变周围有无杂草丛生、杂物堆积，有无危及箱变安全运行的隐患。

2. 标准规范图例（图7－2－1）

图7－2－1 欧式箱变整体示意图

第二节　欧式箱变安健环

1. 标准工艺要求

（1）箱变应悬挂标识、警告牌，检查是否齐全、清晰，是否参照《广东电网公司配网安健环设施标准》执行。

（2）标识牌须严格使用不锈钢腐蚀工艺制作，制作厚度为0.3～0.5 mm。

（3）标识牌字体均由腐蚀工艺形成，整体漆面下陷0.1～0.2 mm，指甲触摸有阶梯感。

2. 标准规范图例（图7－2－2）

图7－2－2　欧式箱变安健环示意图

第三节　欧式箱变基础

1. 标准工艺要求

（1）基础完成面应高出周边地面 400 mm，箱变基础槽钢应高出基础面 15 mm。

（2）箱体调校平稳后，应与基础槽钢焊接牢固；若用地脚螺栓固定的，应螺帽齐全、拧紧牢固。

（3）电缆沟压顶及沟盖板应平整顺直，铺设稳固无响动。

（4）电缆井压顶四周应钢筋圈梁、埋设 L50 × 5 镀锌角铁，对井压顶进行固定及保护。

（5）箱变的操作通道应不小于 1.5 m，非操作维护通道应不小于 0.8 m。

2. 标准规范图例（图 7 -2 -3）

图 7 -2 -3　欧式箱变基础示意图

第四节　欧式箱变接地装置

1. 标准工艺要求

（1）箱变的箱体应设专用接地导体，该接地导体上应设有与接地网相连的固定连接端子，其数量应不少于 3 个，其中高压间隔至少有 1 个，低压间隔至少有 1 个，变压器室至少有 1 个，并应有明显的接地标志，接地端子用直径不小于 12 mm 的铜质螺栓。接地网的接地电阻应不大于 4 Ω。

（2）户外箱式设备的箱体外壳、开关设备外壳等可能触及的金属部件均应可靠接地，接地扁钢与设备的接地应不少于 2 处。

（3）接地扁钢表面应涂刷黄绿相间接地线标识漆，但与设备接地端的接触面部分除外，禁止涂刷设备接地端的接触面。

2. 标准规范图例（图 7-2-4）

图 7-2-4　欧式箱变接地装置示意图

第五节　欧式箱变高压开关柜

1. 标准工艺要求

（1）铭牌内容应正确、齐全，各项参数应符合设计要求、挂设规范。

（2）开关柜各类标识牌等应正确、齐全、规范，符合《广东电网公司配网安健环设施标准》要求。

（3）外壳应接地良好、规范。

（4）开关、接地刀闸、隔离开关各种状态应指示正确。

（5）带电显示器应外观完好，无破损。

（6）若为 SF6 负荷开关柜，应检查气压表的压力在正常范围内（一般在对应运行温度的绿色范围内）。

（7）熔管撞击器安装方向正确，与熔座接触良好，安装牢固，须检查熔断器额定电流与变压器容量是否匹配。

（8）开关、接地刀闸的操作孔应有挂锁装置，挂上锁后可阻止操作把手插入操作孔。

（9）引线连接应良好，与各部件的间距应符合规范要求，接地刀闸与接地线（保护通道）应连接良好，截面（通流容量）应符合要求。

2. 标准规范图例（图7－2－5）

图7－2－5　欧式箱变高压开关柜示意图

第六节　欧式箱变二次回路

1. 标准工艺要求

（1）终端各端子排螺丝应压接紧固可靠，确保接线无松脱，CT二次端子无开路、PT二次端子无短路，编号字迹清晰且不易脱色（图7－2－6）。

（2）对于将投入电操的开关柜，应增加检查并确认以下内容（图7－2－7）：①远方/就地转换功能正常；②就地电动分合闸正常；③位置信号正确；④其他告警信号正常。

（3）若开关柜之间有电气联锁，应检查其联锁功能是否满足要求。

2. 标准规范图例（图7－2－6、图7－2－7）

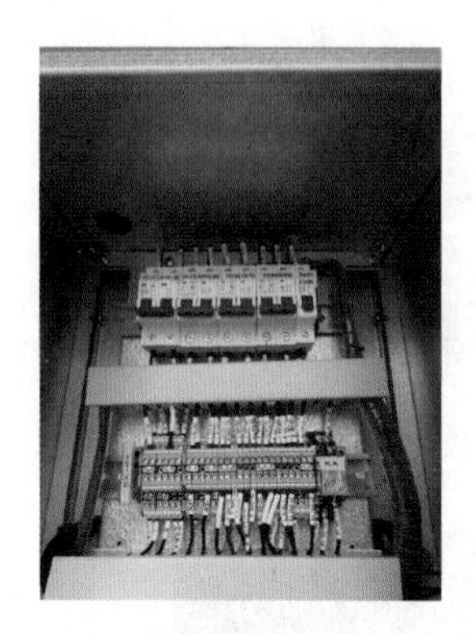

图7-2-6　欧式箱变二次回路示意图1

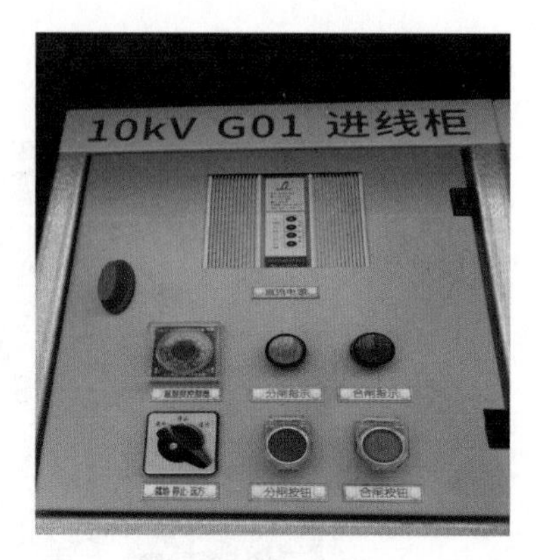

图7-2-7　欧式箱变二次回路示意图2

第七节　欧式箱变开关柜电缆安装情况

1. 标准工艺要求

（1）电缆三相分支应无交错，两边相弧度弯曲应对称，相序按黄、绿、红三相色排序。

（2）应力锥与电缆相支导体应无缝隙，且完全进入应力体绝缘层，密封罩安装严实。

（3）电缆终端应无裂纹、无破损痕迹，电缆头导体与柜连接处应接触面良好、连接可靠；电缆及电缆头应固定牢固，无受应力现象。

（4）进出线处应封堵严密，当防火封堵孔洞较大时，应采用环氧树脂板封口，并加涂防火泥密封。

（5）检查零序 CT 与电缆铠装层屏蔽线的位置关系，根据电缆屏蔽线引出点的位置不同进行正确连接：①当电缆屏蔽线引出点在零序 CT 底部时，屏蔽线应直接接地，禁止屏蔽线再穿过零序 CT 接地。②当电缆屏蔽线引出点在零序 CT 上部时，屏蔽线要穿过零序 CT 接地。③检查分列式 CT 截面是否平整、洁净、光滑无锈蚀，若锈蚀严重时要除锈清洁。截面连接应牢固紧密，无缝隙。④检查 CT 的接地线，每个 CT 的接地线要单独接地，不能串联接地，接地线应采用4 mm^2 以上的黄绿多股软线。

（6）避雷器应外观完好，无破损、裂纹。三相避雷器的型号规格应一致，且排列整齐，高低一致，上下引线铜的引线截面应不小于 25 mm^2。

（7）电压互感器的型号规格、变比、精度、容量等应符合设计要求，保护熔断器应安装牢固，安全距离应满足要求。参数应符合设计要求。

2. 标准规范图例（图7－2－8）

图7－2－8　欧式箱变开关柜电缆安装情况示意图

第八节　欧式箱变油浸式变压器整体外观检查

1. 标准工艺要求

（1）变压器散热管应禁止悬挂标识牌，变压器外观应无锈蚀及凹陷破损，油枕油位正常，油箱无渗漏现象，且铭牌标识清晰，内容齐全（图7－2－9）。

（2）检查高低压套管，确认其无松动，釉面无破损，密封圈无龟裂、老化（图7－2－10）。

（3）在低压接线柱头（含零线柱头）处加装握手线夹，严禁接线端子直接连接，线夹与线耳的连接孔位置应沿导线方向斜角内侧孔连接（保证接触面最大化）；变压器柱头低压出线应使用分相 PVC 管敷设。（图 7－2－11）

（4）低压线转弯半径应满足要求（《GB 50217—2007 电力工程电缆设计规范》要求转弯半径应大于 20D），变压器低压柱头不允许受拉扯力（防漏油）。

（5）档位应指示清楚、无渗漏油，档位操作箱应密封良好。

（6）压力释放阀应无渗漏油。阀盖内应清洁，密封良好。

（7）温度测量装置应安装牢靠，就地和远方温度计指示值应一致；温度计应无裂缝、无损伤，做好表面清洁，确保指示准确且清晰，并且朝向运行巡视方向。

2. 标准规范图例（图 7－2－9 至图 7－2－11）

图 7－2－9　欧式箱变油浸式变压器整体外观检查示意图 1

图7-2-10 欧式箱变油浸式变压器整体外观检查示意图2

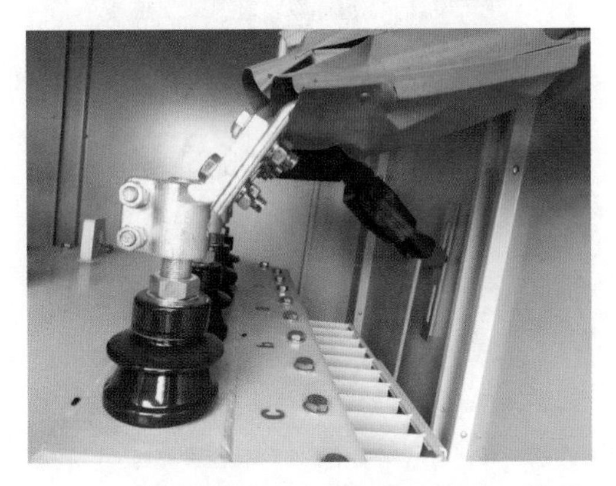

图7-2-11 欧式箱变油浸式变压器整体外观检查示意图3

第九节 欧式箱变干式变压器整体外观检查

1. 标准工艺要求

(1) 变压器应清理、擦拭干净，确保无积尘，顶盖上无遗留杂物，本体及附件无缺损。

(2) 变压器一次、二次引线的相位、相色应清晰、正确。

(3) 母线排支柱绝缘子应完好，无破损、污秽、受潮等现象。

（4）变压器分接头位置应处于正常电压档位。

（5）变压器内通风设施应安装完毕。

（6）变压器应为带防护外壳的干式变压器，变压器底座应配置橡胶减震器或阻尼弹簧减震器。

2. 标准规范图例（图7-2-12）

图7-2-12　欧式箱变干式变压器整体外观检查示意图

第十节　欧式箱变低压间隔

1. 标准工艺要求

（1）柜（箱）门应在不小于120°的角度内灵活启闭并设有定位装置。

（2）柜内母排型号规格应与低压开关柜技术规范及设计图纸的要

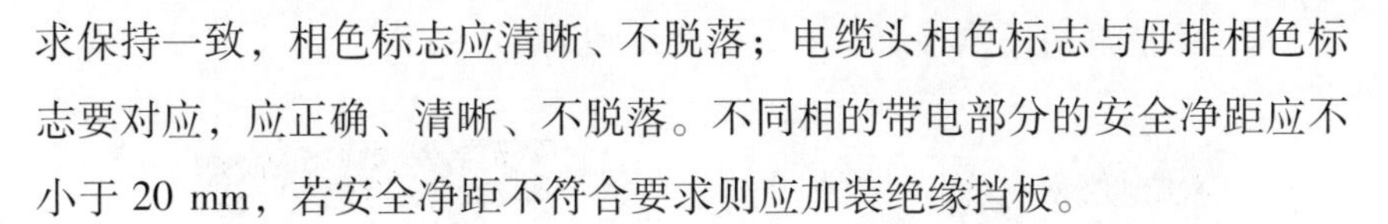

求保持一致，相色标志应清晰、不脱落；电缆头相色标志与母排相色标志要对应，应正确、清晰、不脱落。不同相的带电部分的安全净距应不小于 20 mm，若安全净距不符合要求则应加装绝缘挡板。

（3）各元件之间的连接线应走线有序，连接牢固。

（4）进出线位置应设置绝缘挡板，防小动物封堵设施应完整有效。

（5）电容器应外观完好，无破损、鼓包、变形等缺陷，无功补偿装置人工投切和自动投切应运行正常、可靠；控制器应外观完好、工作正常，确保数据显示清晰，无报警等异常信号。

（6）外壳应接地良好，确保连接用接线端子，连接规范。

（7）各类断路器、隔离刀闸应试操作，确保操作手柄或传动杠杆的开、合位置正确，开关状态指示正确。

（8）主要技术参数，如壳架电流、额定电流、运行短路分断能力、极限短路分断能力、极数、安装方式应与低压开关柜技术规范及设计图纸的要求保持一致。

（9）低压总开关、联络开关之间的电气连锁装置应可靠、正常（带电后检查）。

（10）所有二次电缆通道必须与一次线路隔离，严禁控制电缆与一次线路混放；配电柜二次室之间要求有二次电缆通道（通道截面积应不小于 $5\times5\ \text{cm}^2$）；配电柜的二次室与配网自动化终端设备之间要求有二次电缆通道，通道须位于二次室顶部，接口截面积应不小于 $20\times6\ \text{cm}^2$；配电柜的二次室与电缆室之间要求有二次电缆通道（通道截面积应不小于 $4\times4\ \text{cm}^2$）。

（11）配变负荷监测终端应外观完好、工作正常，确保数据显示清晰，无报警等异常信号。

（12）电压表、电流表、有功表、无功表、功率因数表等仪表应外观完好、指示正常、量程符合要求。

2. 标准规范图例（图 7 –2 –13 至图 7 –2 –17）

图 7 –2 –13　欧式箱变低压间隔示意图 1

图 7 –2 –14　欧式箱变低压间隔示意图 2

图 7 –2 –15　欧式箱变低压间隔示意图 3

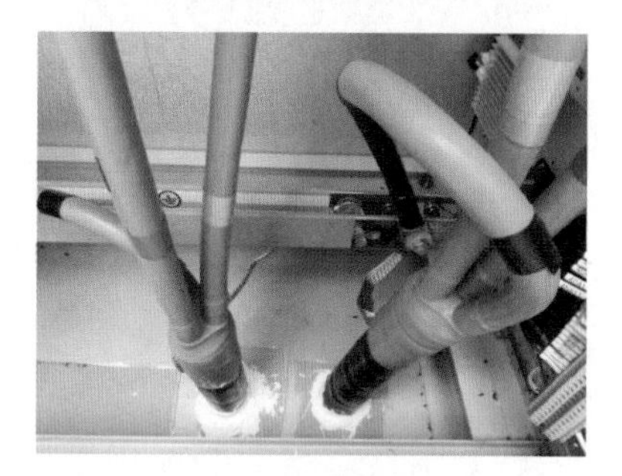

图 7 –2 –16　欧式箱变低压间隔示意图 4

图 7 –2 –17　欧式箱变低压间隔示意图 5

第八部分

低压线路施工工艺及验收指南

第一章　低压架空线路

第一节　架 空 导 线

1. 标准工艺要求

（1）对于低压三相四线架空线，水平敷设时，零线应靠近电杆或墙体，垂直敷设时，零线在最下端。

（2）相色：A 线用黄色，B 线用绿色，C 线用红色，N 线用黑色/淡蓝色，接地线采用黄绿线。

（3）低压线路的跳线应使用固定线夹绑扎，确保整齐美观，驳接处须恢复好绝缘。

2. 标准规范图例（图 8－1－1、图 8－1－2）

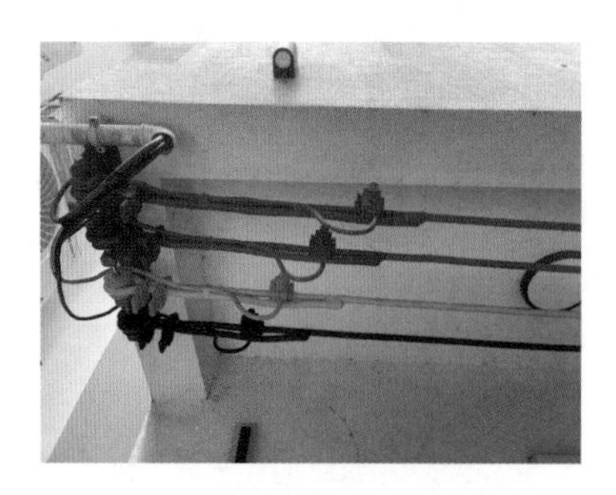

图 8－1－1　低压架空线示意图 1

图 8－1－2　低压架空线示意图 2

第二节　重复接地

1. 标准工艺要求

（1）为防止零线断线烧损用户的家用电器，三相四线制低压线路主干线的末端和各分支线的末端，零线应重复接地。

（2）每个重复接地装置的接地电阻应不大于 10 Ω。

2. 标准规范图例（图 8－1－3）

图 8－1－3　低压重复接地示意图

第二章　低压配电箱

1. 标准工艺要求

（1）配电箱外壳须可靠接地。

（2）进出线孔须做好防小动物措施。

2. 标准规范图例（图8－2－1）

图8－2－1　低压配电箱示意图

第三章　户　表　线

1. 标准工艺要求

（1）单相用户接入前应测量三相四线，选择合适的相线进行接入。

（2）相线、零线的颜色应加以区分，A 线用黄色，B 线用绿色，C 线用红色，N 线用黑色/淡蓝色，接地线采用黄绿线。

（3）应使用 CT 户表线夹进行接线。

（4）电表进线应加装绝缘 PVC 套管，套管安装应牢固，可按照 0.5～1 m 间距用卡具固定牢固，管内导线不得有接头。套管处上端应安装滴水弯头并预留滴水线，滴水弧度应不小于 7 cm。

（5）套管下端必须进入表箱内（表箱预留孔与 PVC 套管管径不符时，应进行表箱扩孔或采用 PVC 变径接头），以防雨水流入表箱。

（6）多股线接入电能表接线端子须带铜压接头（铜套）。

（7）接入电能表接线端子，宜以“一孔一线”“孔线对应”为原则。

2. 标准规范图例（图8－3－1、图8－3－2）

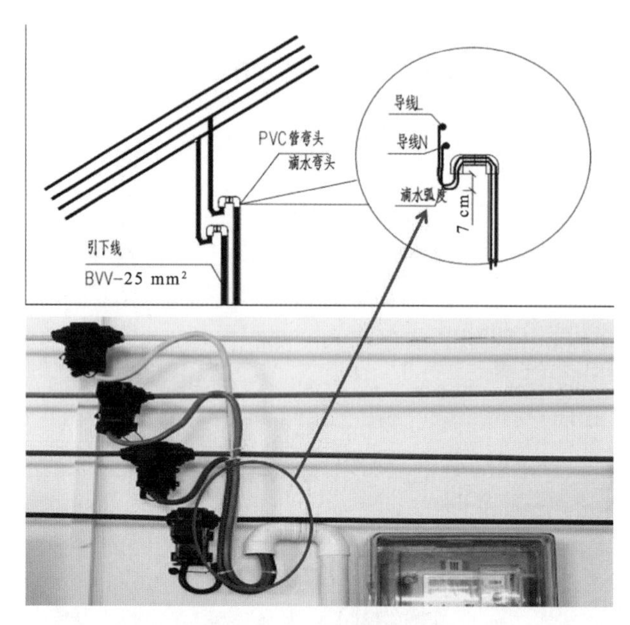

图8－3－1　户表线示意图

图8－3－2　电能表接线端子示意图

第九部分

配网工程典型缺陷示例

第一章　架空线路典型缺陷

第一节　架 空 导 线

一、架空导线驰度不足

缺陷图例见图 9 – 1 – 1。

图 9 – 1 – 1　架空导线驰度不足示意图

二、架空导线弧垂太低

缺陷图例见图 9 –1 –2。

图 9 –1 –2　架空导线弧垂太低示意图

三、架空导线与高杆植物距离不足

缺陷图例见图 9 –1 –3。

图 9 –1 –3　架空导线与高杆植物距离不足示意图

四、架空导线断股散股

缺陷图例（见图 9－1－4）。

图 9－1－4　架空导线断股散股示意图

第二节　杆　　塔

一、电杆倾斜

缺陷图例见图 9－1－5。

图 9－1－5　电杆倾斜示意图

二、缺少防撞标识

缺陷图例见图 9 – 1 – 6。

图 9 – 1 – 6 缺少防撞标识示意图

三、杆身有裂纹

缺陷图例见图 9 – 1 – 7。

图 9 – 1 – 7 杆身有裂纹示意图

四、铁塔螺栓缺失

缺陷图例见图9-1-8。

图9-1-8　铁塔螺栓缺失示意图

第三节　绝　缘　子

一、耐张线夹螺丝没有R卡梢

缺陷图例见图9-1-9。

图9-1-9　耐张线夹螺丝没有R卡梢示意图

二、瓷横担没有安装定位螺栓

缺陷图例见图 9 - 1 - 10。

图 9 - 1 - 10　瓷横担没有安装定位螺栓示意图

三、耐张跳线没有支撑横担

缺陷图例见图 9 - 1 - 11。

图 9 - 1 - 11　耐张跳线没有支撑横担示意图

第二章　柱上开关典型缺陷

第一节　开 关 本 体

开关套管破损缺陷图例见图 9 - 2 - 1。

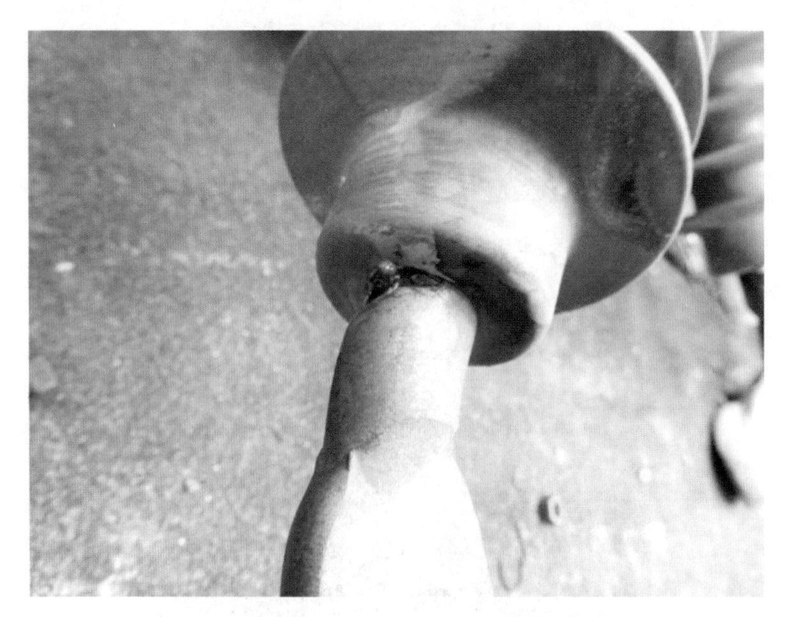

图 9 - 2 - 1　开关套管破损示意图

第二节　互　感　器

二次接线错误缺陷图例见图 9 -2 -2。

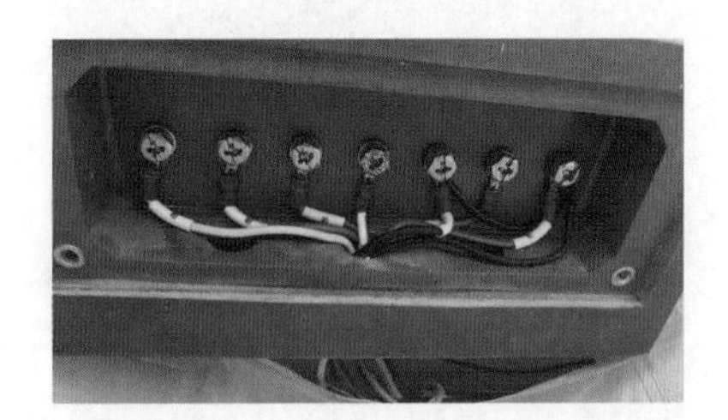

图 9 -2 -2　二次接线错误示意图

第三节　控　制　器

一、控制器外壳没接地

缺陷图例见图 9 -2 -3。

图 9 -2 -3　控制器外壳没接地示意图

二、控制电缆套管没有封堵

缺陷图例见图 9－2－4。

图 9－2－4　控制电缆套管没有封堵示意图

三、控制器电压端子没有投入

缺陷图例见图 9－2－5。

图 9－2－5　控制器电压端子没有投入示意图

第三章　台架式变压器典型缺陷

第一节　避　雷　器

避雷器防鼠护套安装不到位缺陷图例见图9－3－1。

图9－3－1　避雷器防鼠护套安装不到位示意图

第二节　跌落式熔断器

使用铝丝代替跌落式熔丝缺陷图例见图 9－3－2。

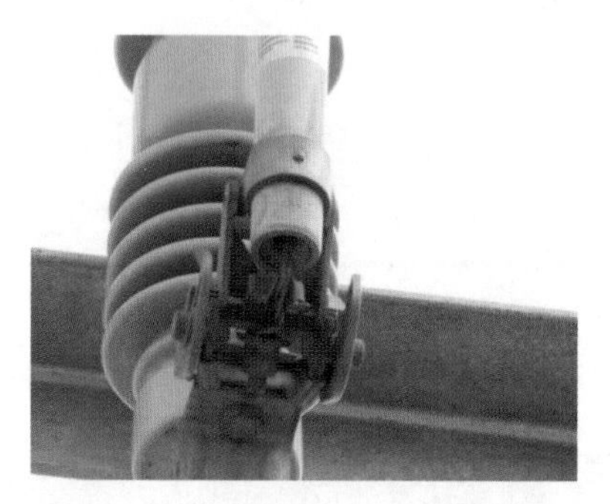

图 9－3－2　使用铝丝代替跌落式熔丝

第三节　配　电　柜

一、没有封堵

缺陷图例见图 9－3－3。

图 9－3－3　没有封堵示意图

二、线耳螺栓不匹配

缺陷图例见图 9－3－4。

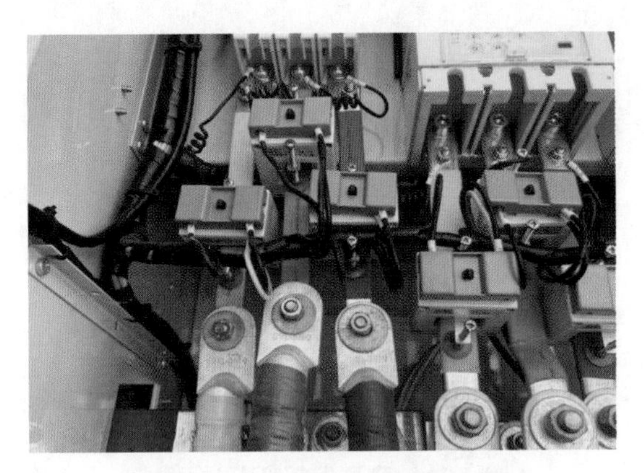

图 9－3－4　线耳螺栓不匹配示意图

三、施工材料没有清理

缺陷图例见图 9－3－5。

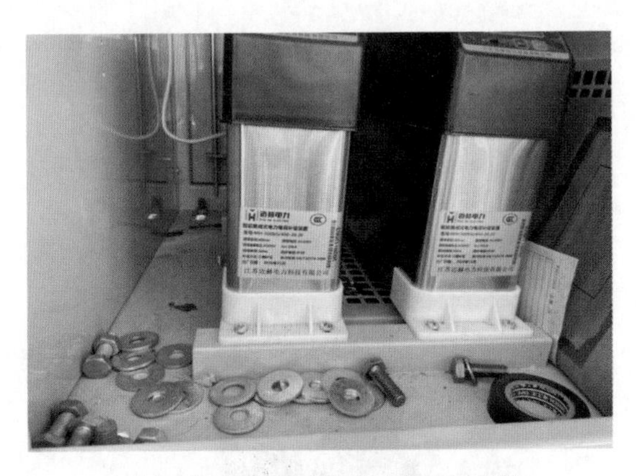

图 9－3－5　施工材料没有清理示意图

第四节 隔离开关

隔离开关瓷瓶破损缺陷图例见图9－3－6。

图9－3－6 隔离开关瓷瓶破损示意图

第五节 接线柱

没有使用握手线夹缺陷图例见图9－3－7。

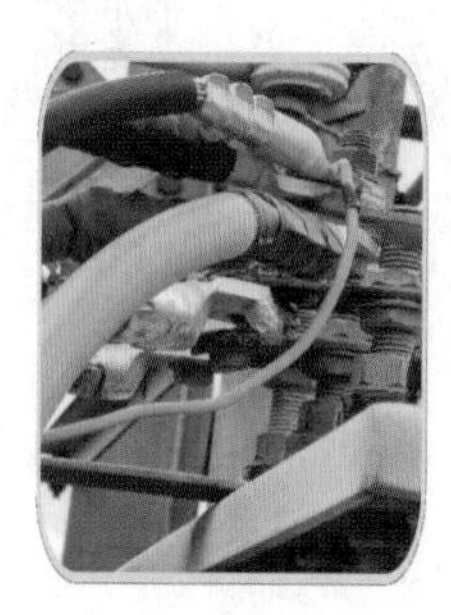

图9－3－7 没有使用握手线夹示意图

第四章　电缆线路典型缺陷

第一节　电 缆 本 体

一、电缆主绝缘受损

缺陷图例见图 9 - 4 - 1。

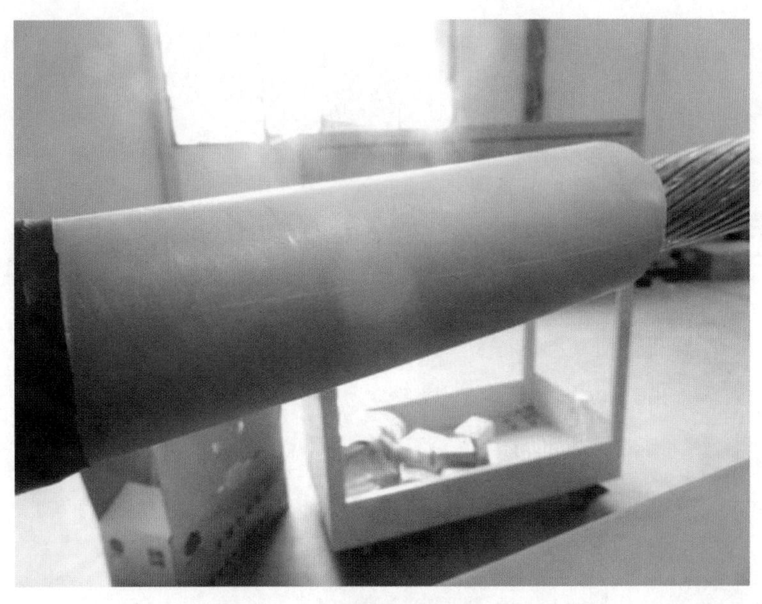

图 9 - 4 - 1　电缆主绝缘受损示意图

二、电缆套管受损

缺陷图例见图 9 –4 –2。

图 9 –4 –2 电缆套管受损示意图

第二节 电缆沟、电缆井

一、电缆沟盖板受损

缺陷图例见图 9 –4 –3。

图 9 –4 –3 电缆沟盖板受损示意图

二、电缆井内有杂物

缺陷图例见图 9 -4 -4。

图 9 -4 -4　电缆井内有杂物示意图

第五章　户外开关柜典型缺陷

一、气压不足

缺陷图例见图 9 –5 –1。

图 9 –5 –1　气压不足示意图

二、带电显示器异常

缺陷图例见图 9 －5 －2。

图 9 －5 －2　带电显示器异常示意图

三、没有封堵

缺陷图例见图 9 －5 －3。

图 9 －5 －3　没有封堵示意图

第六章　箱式变压器典型缺陷

一、箱体基础没有封堵

缺陷图例见图 9 –6 –1。

图 9 –6 –1　箱体基础没有封堵示意图

二、变压器室没有封堵

缺陷图例见图9－6－2。

图9－6－2 变压器室没有封堵示意图

三、熔断器漏油

缺陷图例见图9－6－3。

图9－6－3 熔断器漏油示意图

四、油位不足

缺陷图例见图 9－6－4。

图 9－6－4　油位不足示意图